まえがき

深刻なコロナウイルス感染拡大に始まった令和2年も、終わりを迎えた。いまだ先が見えない世界に、人々はそれぞれの生活の中で不安を抱えているにちがいない。人間にはこれまで様々な疫病と戦ってきた歴史があるが、今回の事態は日本が戦後経験した最大のパニックを引き起こしているのではないだろうか。私たちが暮らしている沖縄県では、令和2年7月後半以降の第2波、そして年末の第3波と思われる流行に見舞われ、想定外の静かな1年を過ごした。いつもなら賑わっているはずの沖縄美ら海水族館も8月から9月にかけて臨時閉館となり、きわめて厳しい運営環境が続いている。

そんな最中に、産業編集センター出版部の福永さんから、サメの本出版に関するお誘いがあった。近年サメに関する書籍が多数出版されていることもあり、当初は丁重にお断りを申し上げるつもりだったのだが、これまでとは異なるテイストの本にしたいという私のわがままを受け入れてくださったので、サメ研究の現状を書き残しておこうと決心し提案を受け入れることにした。本書を書き進めるうちに、私が専門とする分野以外の情報を充実させて盛り込みたいと思い、私が信頼する頼もしい同僚である冨田武照さんを道連れにすることにした次第である。こうして、コロナ禍における「サメ本の執筆」が日課となった。

本書は、これまで多く出版されてきた「サメ図鑑」や「サメのもの知り本」とは異なり、「サメを研究する」という作業に焦点を当てている。私たち自身が研究者として本当に知りたいこと、興味を持っていることに対してどうアプローチしてきたかを、ざっくばらんに綴ったものだ。著者の私（佐藤）は、サメの多様性や解剖学・サメの繁殖学などを中心に、冨田さんはサメ類の古生物学や機能形態学などを専門とし、水族館界だけでなく世界の多くの研究者と様々な研究を行ってきた。その経験や知識に基づいて、読者の皆様とは少し異なるユニークな視点からサメを見ていることがわかっていただけると思う。

ここでは、今現在何が分かっていて何が分からないことなのか、定説にとらわれることなく、できるだけ科学的・客観的に論じることを目指すとともに、それぞれの立場からサメ研究の面白さや今後の展望についても紹介したい。本著によって、サメ研究の深層を知っていただく機会が得られれば、この上ない喜びである。

佐藤圭一

寝てもサメても

深層サメ学　目次

1章　サメの多様性と進化

1章 サメの多様性と進化

サメは世界中に何種類いるのか？ 佐

本書を執筆している２０２０年11月現在、科学的に有効な種として認められているサメは、世界で５５３種とされている。これは、世界の魚類に関する分類学的な最新情報をデータベース化して更新している、カリフォルニア科学アカデミーのオンラインカタログから算出した数である。このデータベースは、１９９０年代に米国の魚類学者であるウィリアム・エシュマイヤー（William Eschmeyer）博士が編纂した『Catalog of Fishes』を基にしている。このウェブ版サイトが完成する以前は、その時点で〝何種のサメが種として認められているのか？〟を調べることは本当に難しい作業であった。そもそも、サメの種数というのはどのように定められているのだろうか？

サメの種数というのは、日々変化している。私が大学院生だった１９９０年代には、世界のサメは３００種と言われていたが、そこから２００種以上も増加したことになる。特に、日本やオーストラリアでは、サメの分類学が比較的盛んで、研究者によって多くの新種が記載されている。また、近年の調査技術の進歩に伴って、新たな標本が多く得られたことも増加に貢献しているだろう。私もサメの分類学の専門家として、その増加の一端を担ったのであるが、特に増加が著しいのが深海ザメの仲間だ。これらの新種は、長い間標本として保管されていたにも関わらず、種の同定が難しいため、博物館でも別の名前で登録されていたものや、長年名前も与えられず保管されていたものも多い。

意外な話かもしれないが、シンプルな形態をもつサメを識別する特徴を見出すことは、分類学の専門家でもきわめて難しいことだ。新種とおぼしきサメを発見した分類学者は、より多くの標本を収集し、形態を詳細に観察・計測などを行い、既知種の模式標本（その種の基準となる標本）などと形態比較をして、記載論文を投稿・審査を経た後にようやく新種として公表に至る。一般に、サメは他の魚類と比較して体が大きなものが多く、標本の収集が困難であるうえ、国をまたぐ郵送に耐えない場合が多いため、研究者は何年もかけて世界をめぐり、標本観察の旅に出ることもある。通常、サメの新種を確認し発表するまでに、数年を要すると考えていただければ、いかに大変な作業であるかがお分かりだろう。ちなみに、サメの分類学者として著名な北海道大学の仲谷一宏名誉教授が研究に使用した器具、新種発見時に計測したデータシートや描画などが、エピソードも交えて気仙沼シャークミュージアムに展示されているの

標本のデータをチェックする仲谷名誉教授と著者（佐藤）。ニュージーランド国立博物館にて（2009年）。写真提供：佐藤圭一

で、是非実物をご覧いただきたい。

一方、研究が進むとサメの種数が減少する場合もある。これは同物異名《どうぶついめい》と呼ばれ、同一種に対して２つ以上の種名が与えられていることが判明した場合、研究者は国際動物命名規約にしたがい、先取権のある名前を採用し、後に与えられた動物名は無効とするため、結果として種数が減少する。通信手段が未発達だった時代は、情報の共有が乏しく、世界各国で多くの同物異名が存在していた。過去に新種として命名されたすべての動物名を数えると、サメだけで１１００に上ることから、その多さを実感できるだろう。

近年では、新種の発表の際に、ミトコンドリアＤＮＡなどの遺伝子情報が併せ

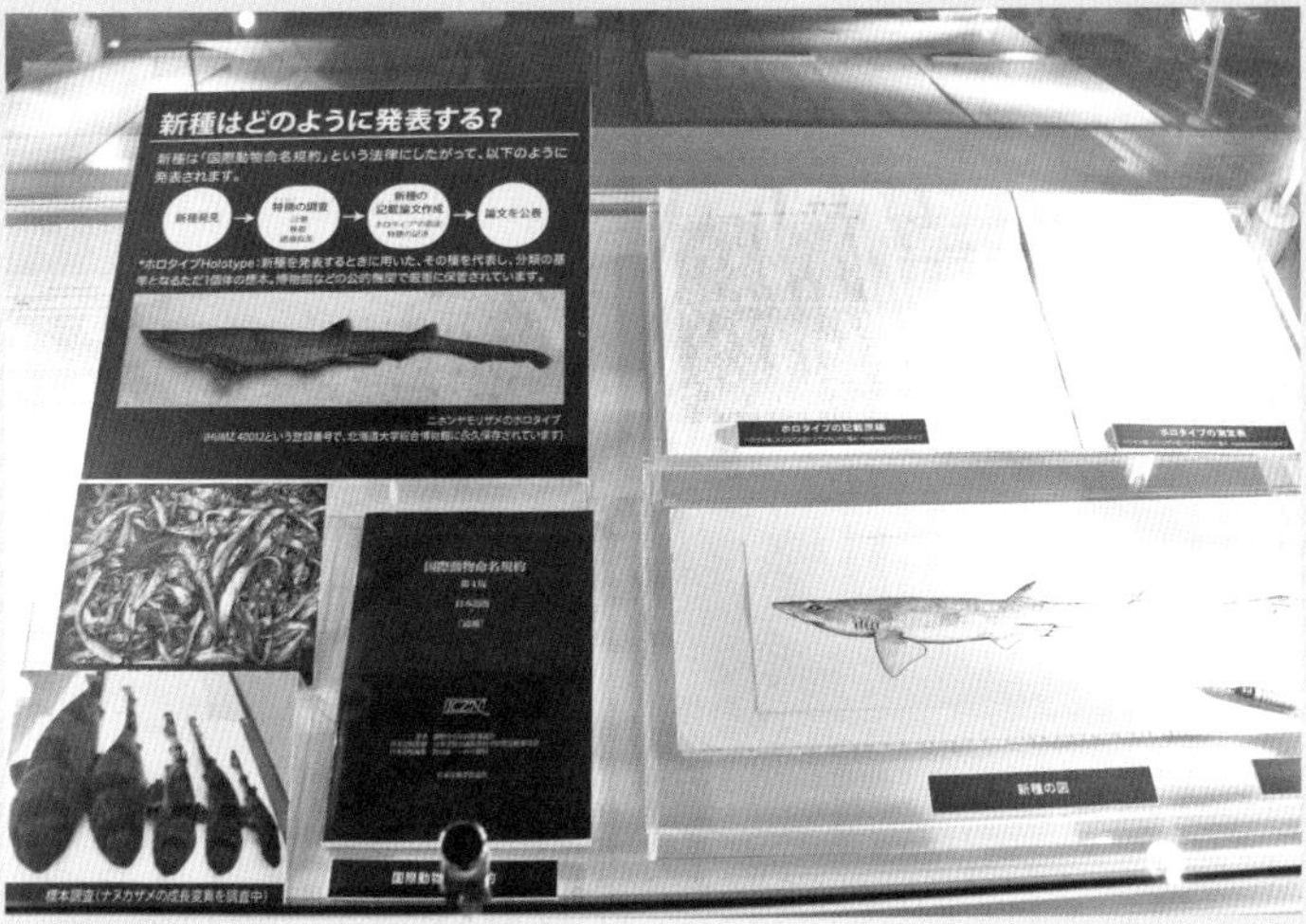

気仙沼シャークミュージアムの一角には、仲谷博士の新種記載に関する様々な資料が展示されている。写真提供：気仙沼 海の市 シャークミュージアム

て登録されるようになり、分類学者が手にする情報が飛躍的に増加したことから、種の分類だけでなく高次の分類体系（目、科、属など、種を超えた階級）の見直しも盛んにおこなわれている。フロリダ大学のガビン・ネイラー（Gavin Naylor）博士は、サメ類の分子系統学の先駆者であるが、彼らの研究によって従来の系統仮説は多くの変更が加えられた。数年前に出版されたサメ本と、本書が採用している科名が若干異なる理由はそこにある。このように、時代とともに動物の名前や種数が変わっていくのは、より生物の進化の真実を追求する研究者の努力を反映したものだといえる。

サメの2大派閥 佐

沖縄美ら海水族館のミュージアムショップを眺めると、サメグッズは大変人気があり、売り場面積の半分以上を占めている。その素材の多くが、ジンベエザメやホホジロザメ、時々ミツクリザメやイタチザメ、オオメジロザメ、シュモクザメなどのキャラクターで占められ、その他の大多数のサメたちは全くグッズとして取り上げられていない。つまり、500種を超えるサメのうち、一般に知られている〝人気のあるサメ〟はごく少数で、ほとんどのサメは物陰に隠れてしまっている状態だ。

現生のサメは共通祖先から生まれた一群だが、そこからさらに二つの大きなグループに分けられる。その一つがネズミザメ上目（Galeomorphii）であり、もう一方がツノザメ上目（Squalomorphii）である（27P参照）。このうち、ネズミザメ上目は皆様ご存知のジンベエザメやホホジロザメなど、サメグッズに使われるような名の知れたサメたちが属するグループであり、もう一方のツノザメ上目はとても地味なサメたちが属する玄人好みの一群だ。乱暴な言い方であるが、どちらかというと「サメらしいサメ」

レモンザメ。ネズミザメ上目のサメは、“サメらしいサメ”が多く、例外なく鰓孔（えらあな）が5対で臀鰭（しりびれ）をもつ。写真提供：海洋博公園・沖縄美ら海水族館

が前者であり、「サメっぽくないサメ」が後者である。

分類学の世界では、しばしば体系の変更や、研究者により異なる名称が採用されることがある。ここでは、できるだけ最新の見解に従って、次のようにそれぞれのグループをまとめてみた。ネズミザメ上目には、ネコザメ目（ネコザメなど9種）、テンジクザメ目（トラフザメ、ジンベエザメなど45種）、メジロザメ目（トラザメ、シュモクザメ、オオメジロザメなど300種）、ネズミザメ目（ホホジロザメ、メガマウスザメ、ミツクリザメなど16種）、369種のサメが知られている。おそらく、テレビや雑誌によく出てくるサメたちのほとんどは、こちらのグループに所属していると

沖縄美ら海水族館で飼育されているヒゲツノザメ。ツノザメ上目のサメは臀鰭（しりびれ）をもたない（カグラザメ目を除く）。沖縄近海の水深約600mの海底から採集され、加圧装置でしばらく治療を受けることにより、水槽での長期飼育が実現した。写真提供：海洋博公園・沖縄美ら海水族館

言っても過言ではない。もう一方のツノザメ上目には、ツノザメ目（ツノザメ、ヨロイザメなど143種）、キクザメ目（2種）、ノコギリザメ目（10種）、カスザメ目（22種）、カグラザメ目（カグラザメ、ラブカなど7種）の、184種が知られているのだが、これらの名前を聞いてもピンとくる方は少ないかもしれない。

あまり日の当たらないツノザメ上目のサメたちは、ほとんどが深海性のサメであるから、ヒトとの遭遇機会も限られ、おそらくシャークアタックの加害者になる可能性もほぼゼロであろう（オンデンザメやカグラザメは可能性がある）。そのため、テレビや新聞などに

掲載されることもきわめて稀で、私が知る限り深海生物の特集や、スクアレンを使った健康食品の通信販売の番組で紹介される程度だろう。加えて、ラブカやノコギリザメ以外は、際立った特徴を持つサメが少なく、黒っぽくて小型のややずんぐりしたやつといった感じである。研究者の視点でみれば、発光するサメ（発光器をもつ・発光液を出す）や、極めて長寿命のサメ、超スローペースで泳ぐサメなど、調べてみたくなる魅力的なサメもたくさん存在する。

一方、ネズミザメ上目のサメは、常に世の中から脚光を浴びる存在だ。おそらく、サメの人気ランキングトップ10はすべてこちらのグループだろう。その中でも、種数が極めて多いのが、イタチザメやシュモクザメ、オオメジロザメなどを含むメジロザメ目だ。意外に思われるかもしれないが、ネズミザメ上目の仲間も、その過半数が深海性で、全長1mにも満たない小型のサメたちなのだ。つまり、サメの2大グループは、どちらも多くの深海性の種が多数派を占めているということだ。これも、知っているようで知らないサメの一面ではないだろうか。

ジョーズはサメの変わり者？ 佐

世の中では、サメといえばジョーズ（ホホジロザメ）というのが定番だ。私もこれまでマスコミの皆さんから様々な取材や質問を受けてきたが、「サメの生態を詳しく教えてもらえますか？」と聞いてくる方々からは、ほぼ全員が「ジョーズのイメージで、若干大袈裟な感じで回答してほしい……」と期待している様子が伝わってくる。勿論、私もサメについて詳しくなる前は同じ感覚だった。高校生までを栃木県という海から離れた内陸県で過ごしたせいか、その当時は、サメのことなど全く興味がなく、期待に違わずサメと言えばジョーズだと思っていた。こんな人物でも、サメを専門にして生きていけるのだから、サメ≠ジョーズという知識は無くても恥ずかしくない。今の世の中で普通に生きていくうえで、「サメ＝ジョーズ」でも、全く支障はないのだ。

しかし、サメの研究者となった今の立場で申し上げれば、真実を伝えるためにも「サメのスタンダードはジョーズではない」と強調しなければならない。ジョーズで知られるホホジロザメは「極めて特殊なサメ」であり、サメ全体をジョーズで一括り

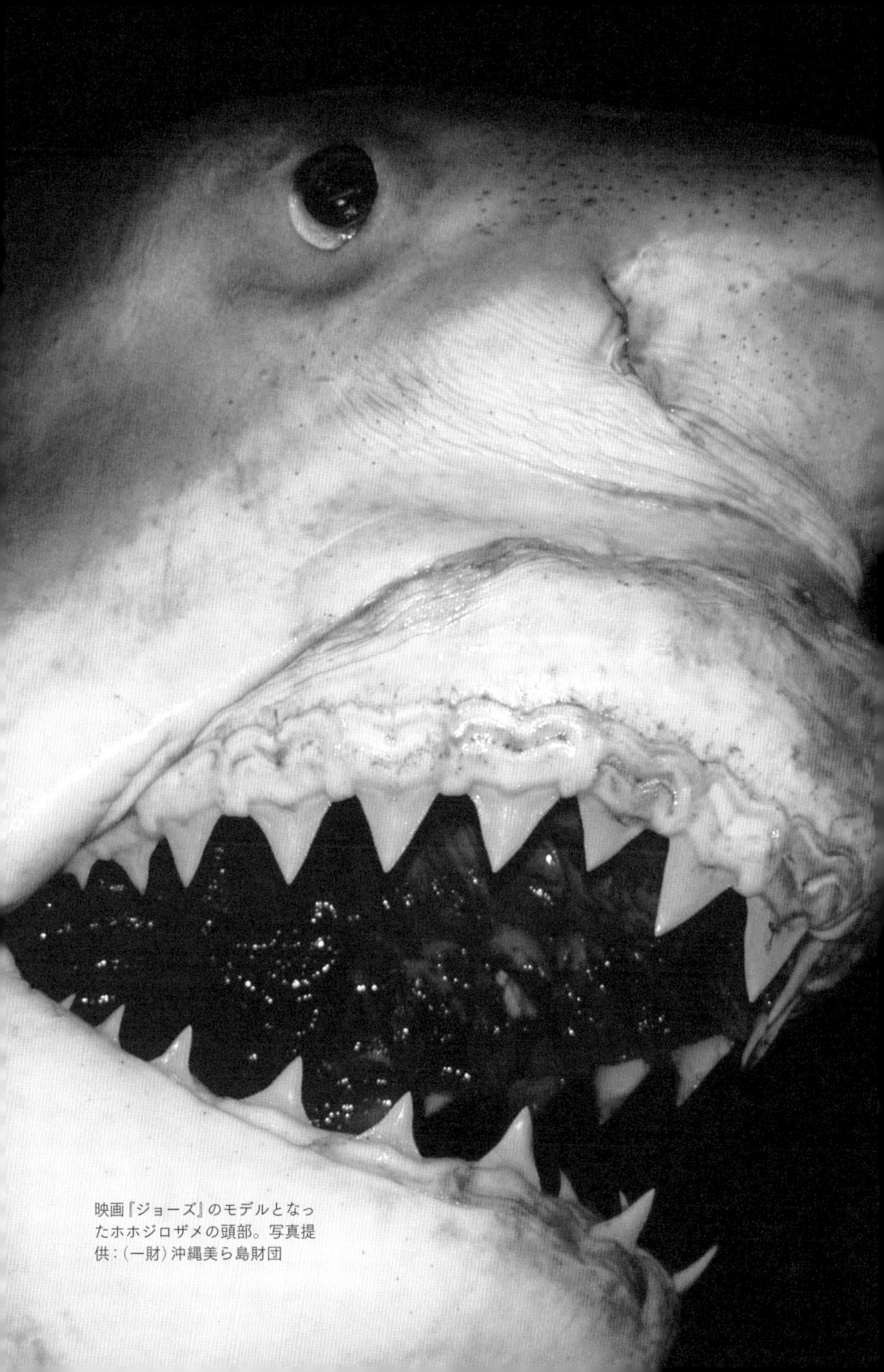

映画『ジョーズ』のモデルとなったホホジロザメの頭部。写真提供：（一財）沖縄美ら島財団

にするのは間違いだ。世界で知られている550種を超えるサメの中で、ホホジロザメのように大型の哺乳類を豪快に捕食するサメはごく少数だ。また、私が知る限り、数mを超える巨体が海面から飛び出すほどの遊泳力を持つサメは、おそらくアオザメやウバザメなどのネズミザメ類、および一部のメジロザメ類以外に存在しない。研究すればするほど、ホホジロザメには他のサメには見られない極めて複雑で緻密な繁殖の方法や、体温を維持する能力など、特殊な能力を持っていることが明らかになってきた。また、ジョーズ同様に近年人気と知名度が急上昇しているジンベエザメも、世界最大のサメであることに加え、プランクトンを食するサメだから、ちょっと普通ではない。トンカチ頭で人気のシュモクザメは、頭の形だけでなく、胎盤を持つサメとして知られており、これまた特別なサメだ。子供たちに人気のミツクリザメなどは、飛び出すあごをもつという突拍子もない特徴がある。このように、世の中に知られている、〝人気のあるサメ〟たちは、かなり珍しい〝少数派〟で占められると思ってよい。では一体、サメの標準型というのは、どのようなサメなのだろうか?

一部のサメマニアの方々を除き、サメの半数以上の種が深海を主なすみかとしていることは、あまり知られていない事実だろう。また、ホホジロザメやジンベエザメなども、深海を頻繁に利用していることが明らかになっている。深海という環境は、生物にとって環境変化が小さいため、エサは少ないが安定してすみ続けられる場所だ。だから、地表や浅い海で生物たちが誕生と絶滅を繰り返す間も、深海でひっそりと命をつなぎ生き延びている種が存在することは容易に想像ができる。ちなみに、サメの話から脱線してしまうのだが、千葉県立中央博物館の宮正樹博士らは、２０１３年に公表した論文の中で、マグロ・カツオ・サバ類を含む外洋の捕食性遊泳魚類の多くは、深海に生息して白亜紀末の大絶滅を免れた共通の祖先から急速に種分化（適応放散）してきた可能性が高いことを、膨大なＤＮＡ解析データを用いた研究で明らかにした。同じような理由で、かなり多くのサメの種や比較的祖先形に近い種が、深海から見いだされるということは有り得る話ではある。ただ、深海にすむサメは、彼らなりに深海の特殊環境に適応するため徐々に形を変えているから、現生の深海ザメはそれなりに個性豊かなラインナップとなっている（と私は思う）。

私がサメのスタンダードに近いと思うサメとは、「深海ザメです！」と言いたいところだが、これはサメの専門家からも理解が得られてないはずだ。私が学生時代に魚類学の研究室に配属が決まり、恩師の仲谷名誉教授から初めて見せてもらったサメが、ヘラザメという深海ザメであった。とても小さくて、何やら黒っぽくて細長い、干物のような姿で、どこからどう見てもサメに見えない！　これがホントにサメなのか？

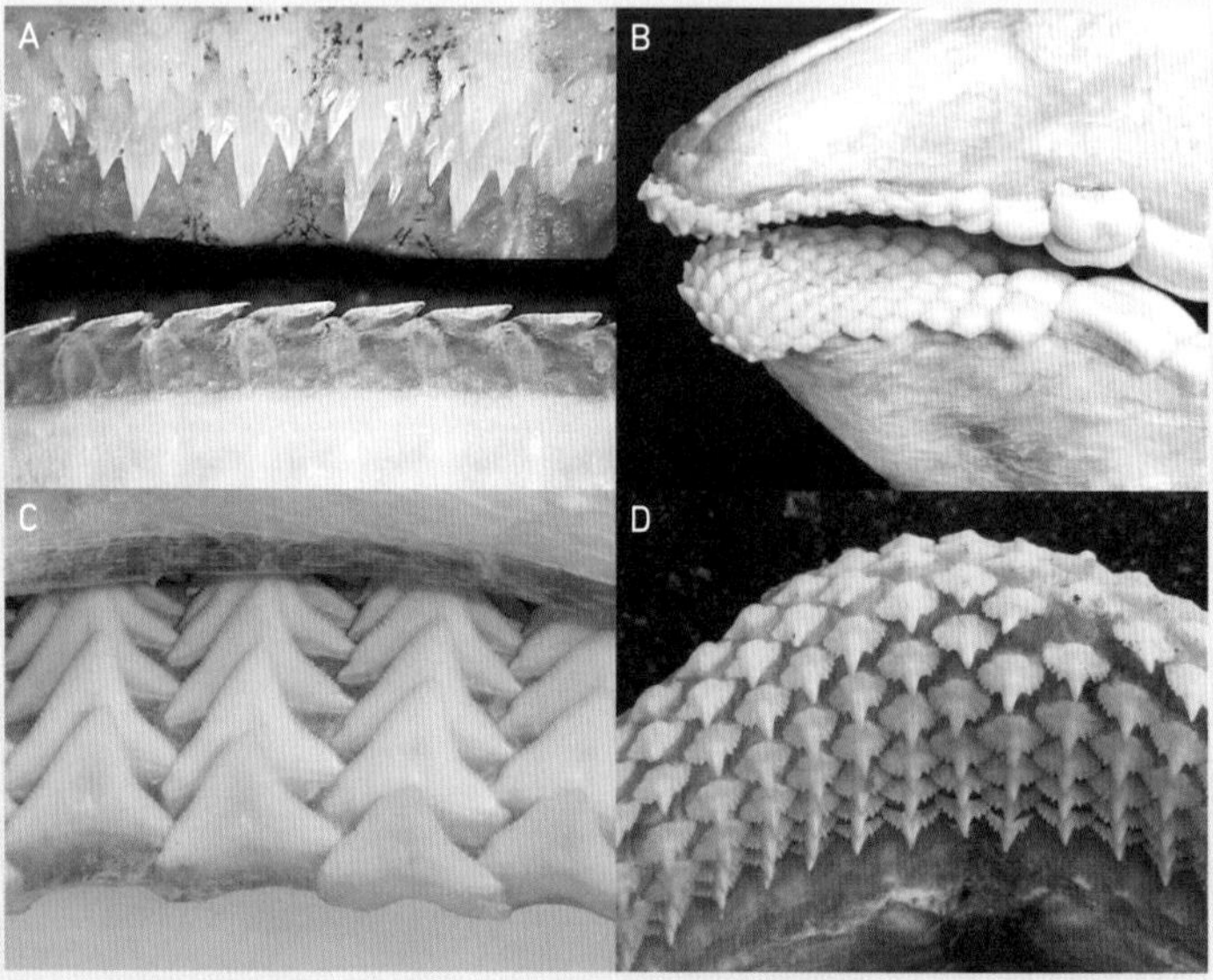

様々なサメの歯の形態。A：ヒレタカフジクジラ（上顎は複数の咬頭をもつが、下顎は板状）、B：ネコザメ、C：オオメジロザメ、D：オオテンジクザメ。写真提供：（一財）沖縄美ら島財団

それは、まさに深海の極限環境で生きるサメの厳しさを象徴するような悲惨な姿だった。だが、サメの中では最も種数が多い属グループであるから、結構な多数派だ。もし、サメの仲間たちが、サメの代表を選ぶ総選挙をしたら、ダントツ1位になるほどの票を得てしまう大きな派閥だ。だとしても、もし私が解剖学の講師を務めるなら、ヘラザメのような尖がったイレギュラーな形をしたサメではなく、現生のサメの特徴を網羅した、ごく基本的な形態をもつ種を使おうと考えるだろう。サメの基本形といっても、現生のサメは大きく

2つのグループに分けられるから、それぞれ代表種を選んであげなければ不公平だと言われそうだ。メジロザメ目やネズミザメ目など、〝サメらしいサメ〟を含むネズミザメ上目の代表形は、紡錘形である程度の遊泳性をもつこと、尾鰭《おびれ》は上葉《じょうよう》が長く下葉《かよう》が短い異尾《いび》形（71P「サメの尾の問題なデザイン」参照）であること、歯は複数の咬頭《こうとう》をもつこと、雑食で底生生物を捕食すること、繁殖様式が卵黄依存型胎生（116P「サメの奥深い繁殖方法」参照）など比較的シンプルであること、等々の条件を満たすサメであろう。この条件で絞り込むと、メジロザメ目のドチザメ類に該当するものが多いのかもしれない。一方、ツノザメ上目のサメに目を向けると、鰓孔《えらあな》は5対であること、背鰭は2基で棘をもつこと、臀鰭《しりびれ》をもたないこと、卵黄依存型胎生であること、等の特徴を満たすサメだろう。そうなると、やはりツノザメ属の種が選ばれることになるかもしれない。まあ、どれが標準か決める必要は無いのだが、一概に一般の皆さんからは人気がなさそうな地味なサメになってしまうので、どうしても最も普通のサメを知りたい方はぜひとも参考にしてほしい。そして最後にもう一度、ジョーズはサメの「変わり者」であることを強調して申し上げたい。

姉妹関係？
サメとエイの関係性にまつわるエピソード 佐

この本を執筆している最中、アメリカでは大統領選挙が行われ大混乱の状況となっている。民主主義の社会では、主義主張で人々がグループを作ったり、時には激しい論争をすることもあるが、最近の若い学生さんたちは、真剣な議論や批判、言い争いを苦手とする方々も多いようで、少し残念な気がする。しかし、議論を尽くすことは真理を追究する科学の世界では重要なことで、サメの科学においても、過去から現在にいたるまで様々な仮説の提唱と、それに対する議論が繰り返されてきたのだ。

サメの科学を本著で論じるにあたって、はじめに〝人間が認識するサメのグルーピング〟、サメと他の魚類との境界についてお話ししたい。サメは553種の仲間たちで構成されていることは、前章で紹介した。ちなみに、魚類全体に目を向けると、全世界で3万5672有効種（分類学的に存在が認められた種）が知られている。サメは種類によって大小さまざまあるが、生態系全体でみれば高次捕食者だから、他の魚類より種数が少ないのは当然かもしれない。また、淡水域で生きられるサメもほとんどいない。魚類の中では比較的小さな約500種の小さなグループであるが、その進化をめぐって、過去に起こった大きな論争とそのエピソードを紹介しておきたい。

ラブカの頭部を腹側から見た写真。ひらひらとした鰓の膜が鰓隔膜（さいかくまく）で、その表面に見える赤い部分がガス交換を行う鰓弁（さいべん）である。硬骨魚類（こうこつぎょるい）では、この鰓隔膜がサメのように発達しないため、鰓孔が1つになる。写真提供：（一財）沖縄美ら島財団

サメは軟骨魚類という魚類の1グループである。軟骨魚類には、サメだけでなく、エイとギンザメ（全頭類）が含まれるが、そのうちサメとエイは共通した特徴を持っており、板《ばん》鰓類《さいるい》と呼ばれている。板鰓とは、ガス交換を行う鰓《えら》の一部である鰓弁《さいべん》を隔てる鰓隔膜《さいかくまく》が発達し、板状になっていることに由来する。サメやエイでは、この鰓隔膜が長く伸びて、鰓孔を5〜7つに分割する状態を成すのが特徴である。この板鰓類を構成するサメとエイは、一つの共通祖先から分かれた兄弟姉妹の関係にあることが知られている。これをサメ・エ

イ二分岐説と呼んでいる。このサメ・エイ二分岐説は、比較的古くから支持されてきた考え方で、1980年にアメリカ自然史博物館のジョン・メイシー（John Maisey）博士によって系統学的に検証された仮説だ。体形が紡錘形に近く鰓孔が体側に開口しているものをサメ、体形が平たく鰓孔が体の腹面に開口しているものをエイとする定義と同じ分け方だから、比較的誰にでも受け入れやすい考え方だ。この仮説は、結論から言えば、現在も有効な仮説として生き続けているのだが、この考え方に一石を投じた日本人研究者の功績を紹介しておきたい。長らく定説とされてきたサメ・エイ二分岐説であったが、北海道大学（当時）の白井滋博士が1992年に公表した仮説によって否定されたのである。白井仮説は、膨大な解剖学的データに基づき、分岐分類学という手法によって「エイ類がサメの一部から派生したグループ」であると結論付けたものであった。さらに、エイ類がカスザメやノコギリザメとの共通祖先から進化したことを提唱し、Hypnosqualean仮説という名で世界のサメ研究者に衝撃を与えた。私が北大の学生だったころは、研究室の大先輩である白井博士の功績は極めて説得力を持った、確固たる地位を占めていたと思うし、Carvalho（1996）など白井仮説を支持する研究も公表されていた。その一方で、系統学の世界ではＤＮＡの塩基配列に基づく系統解析（分子系統学）の時代が到来し、サメの系統学も過渡期を迎えていた。

DNAの塩基配列は、人間による解釈を伴わない4つの塩基の配列データであるから、生物の系統を解析する上で、極めて客観性の高い有効なデータであると言える。白井博士自身も、サメの進化を解明するという目標のため、DNAのビッグデータによる分子系統学の世界に足を踏み入れたが、そこで形態データとDNAデータによる

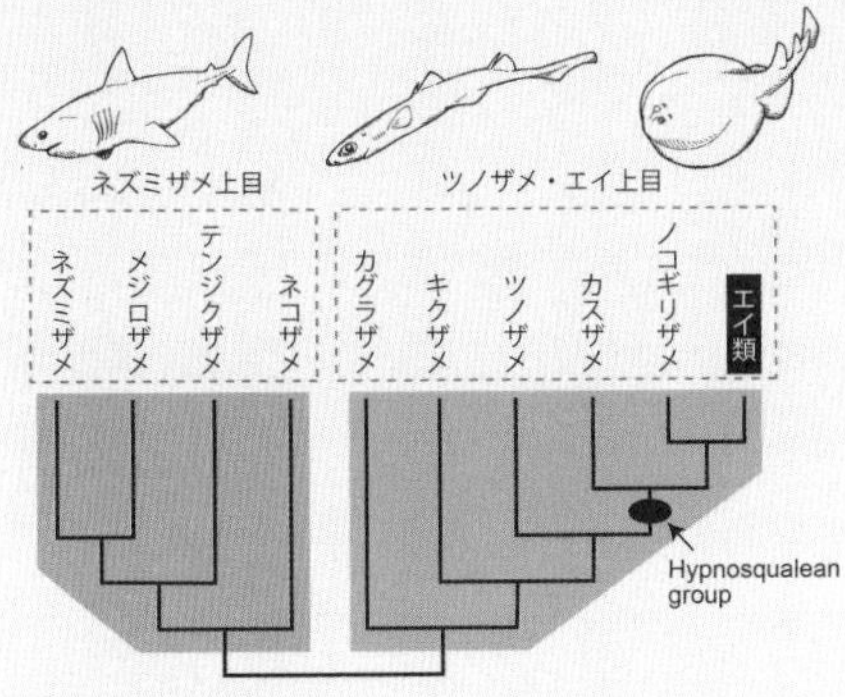

Shirai (1996) の仮説

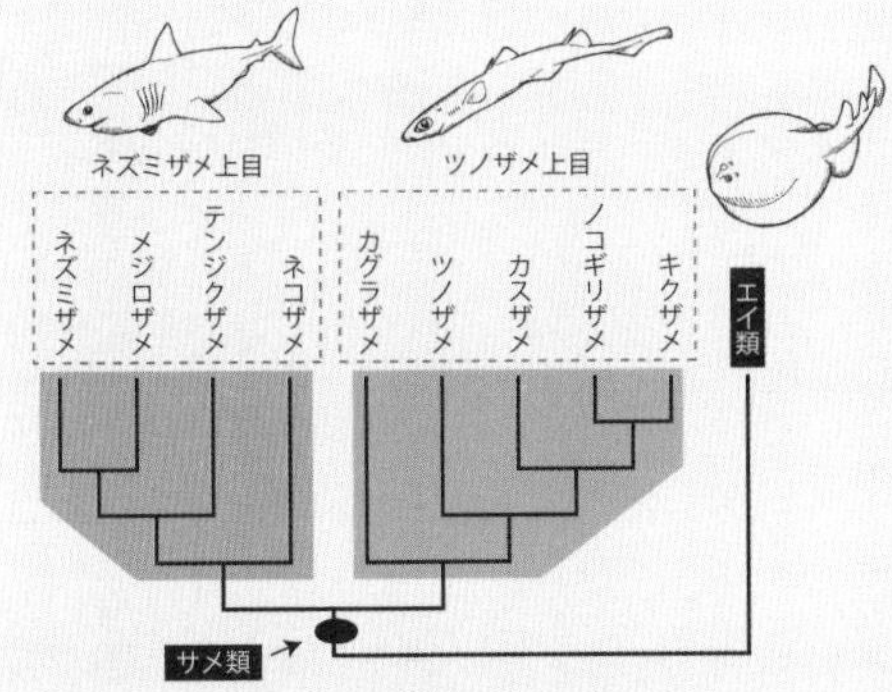

Naylor (2005) らによる説。図作成：冨田武照

上／白井滋博士が提唱した解剖学的な形質に基づく分岐図。この仮説では、エイはツノザメ類の系統の1部となり、カスザメ＋ノコギリザメ+エイをHypnosqualean groupと定義した。

下／ネイラー博士らの分子系統仮説によって支持された伝統的なサメとエイの二分岐仮説。DNAの塩基配列を基にした解析により、現在では、多くの研究者がこちらの仮説を支持している。

分析結果の相違に直面したのだ。実際に、1990年代の終わりころになると、DNAの塩基配列に基づくサメ・エイ二分岐仮説を支持する研究結果が次々と発表され、斬新だったHypnosqualean仮説は徐々に支持を失っていった。

サメの分子系統学を語る上で、紹介したい研究者は、フロリダ大学のガビン・ネイラー（Gavin Naylor）博士である。私が大学院生だったころ、彼は新たな手法を用いた手法で、サメ研究の世界に颯爽と登場していた。現在、彼らの研究結果は、Chondrichthyan Tree of Life Project（軟骨魚の系統樹プロジェクト）というウェブページで広く一般に公開され、最新の軟骨魚類の分類体系の根幹を担っている。私たちは、ネイラー博士らとしばしば意見交換を行うことがあるのだが、彼は白井博士だけでなく、私たち沖縄美ら海水族館の研究者たちが行ってきた形態や生態のデータが、これからの研究発展に大変重要なものだと高く評価してくれている。実際、サメの研究を行っていると、サメの解剖を上手にできる人は実に少ない。それに、サメの研究分野では遺伝子の解析が及ばないことも多く、形態や生理、生態学が先行し、後から遺伝子の裏付けが行われる事例も多いのである。だから、分類学において特定の遺伝子配列は極めて有効なデータではあるが、生物の種を認識する上では、形態や生態などの表現形質も含めて、総合的に評価する必要性がある。ネイラー博士が構築しているデータベースは、遺伝情報だけではなく、CTスキャンによる詳細な骨格や筋肉の画像など、形態学的な情報がすべて系統上にトレースできるように構築されている。我々研究者の目標は、あくまでも生物の真理を追究することであり、一つの目標に対して様々な視点からアプローチすることだ。近年の傾向として、サメの解剖学や組織学など、生物の体を調べる研究者が少なくなりつつあるのだが、私たちはこの状況を危惧している。その理由は、別の章で述べるが、業績や研究資金の獲得などの効率性を重視するあまり、多くの研究者が敬遠しているのかもしれない。

サメとエイの関係性について、真実を追い求めて研究を続けた白井博士であるが、残念ながら本書を執筆中の2020年9月に若くして他界された。私の勝手な推測だが、膨大な解剖データを用いて構築し、世界を席巻した自らの系統仮説を、自分の手で否定する結果を出すことに対して、最後まで大きな葛藤を抱えていたのではないかと思う。情報が蓄積され、系統に関する研究が進んだ現在、サメ・エイ二分岐説はますます強固となったが、白井仮説を匂わせるような一部のサメ（特にノコギリザメ類）とエイの形態的、生理学的な類似性が存在することもあるから、サメとエイの関係性もまだまだ奥が深い、ということを心の片隅に留めておきたいと思っている。

サメが「生きている化石」というのは本当か？ 冨

サメは約4億年前の魚の姿を今にとどめる「生きている化石」と言われている。つまり、現在のサメは大昔の魚の生き残りというわけだ。これは、多くの一般的な書物に書かれている、いわば定説と言って良い。実際、筆者が取材などを受けていると、記者の方から「サメの姿は大昔から変わっていないというのは本当ですか？」という質問を受けたりする。この認識は、一般人のみならず研究者にも広く浸透しており、サメを研究することで魚の初期進化を探ろうとする試みが、現在進行形で行われている。これらの研究の詳細は他書に譲るとして、ここでは、近年の化石の発見から、その定説が揺らいできているという話をしたい。

そもそも、サメが生きている化石であるとする説が誕生した背景には、北米でのある化石群の発見がある。私がこの化石群を初めて調査したのは２００８年10月、まだ学生の時のことである。五大湖に面したオハイオ州クリーブランド市街からバスに揺られること15分、紅葉が美しい街道を抜けるとクリーブランド自然史博物館に到着する。博物館のスタッフに伴われて地下の収蔵庫に下りていくと、古めかしい鉄製のキャビネットが整然と並んでいる。このキャビネットの中には１００年以上にわたって同州で発掘された化石が大量に保管されているのだ。キャビネットの引き出しを開けると、黒い石板がぎっしりと並んでいる。一見なんの変哲も無い石版の表面に光をあてると、黒光りする魚のシルエットがくっきりと浮かび上がる。驚くことなかれ、クリーブランドの化石群は、通常は死後に腐ってしまうような筋肉、皮膚、内臓、時には未消化の食事までもが痕跡として残されているのだ。そこには約3億６０００万年前に死んだ魚の姿が、息をのむほどの美しさで保存されている。

その化石群の中で、ひ

上／クリーブランド自然史博物館前景。
下／標本キャビネットには、古代ザメの化石が大量に収蔵されている。撮影：冨田武照

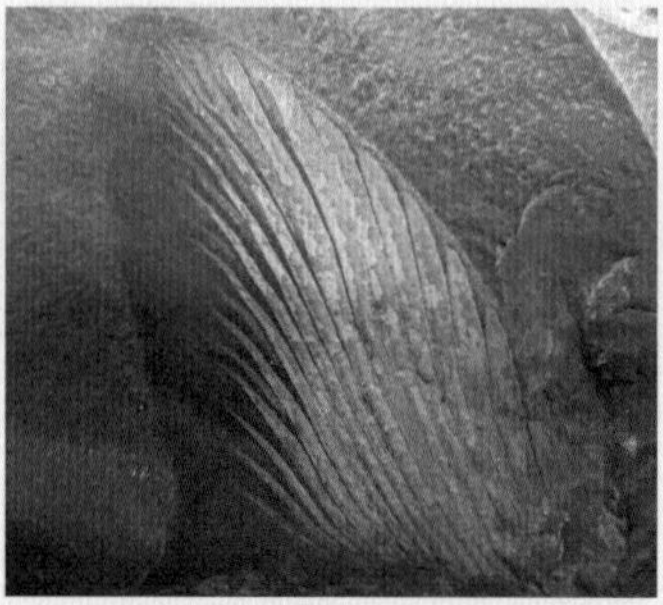

美しいクラドセラケの胸鰭。内部の軟骨だけでなく、周囲の軟組織も化石として保存される。撮影：冨田武照

ときわ目を引くのがクラドセラケと名付けられた、全長1〜2mほどの魚の化石である。魚のシルエットを見た人は誰しも、現在のサメの姿を連想する。流線型の体、何列にも並んだ歯、軟骨でできた骨格など現在のサメとよく似た特徴がいくつも見られる。当然の結果として、先人たちの研究によりサメは大昔から姿を変えず生き残った生物との認識が生まれた。この認識は現在でも大きく変わっていないだろう。

ところが近年の発見により、この定説に疑いの目が向けられている。最初の発見は、カナダのニューブランズウィック州で見つかったドリオダスと名付けられたサメの化石である。この化石もクリーブランドの化石と同様、体の多くの部分が化石として保存されている。中でも特筆すべきはその年代である。この化石の年代は、4億9００万年前、クリーブランドの化石群より約4９００万年も前のことである。全身が残されたサメの化石としては、現在でも最古のものだ。2００3年に有名科学雑誌『ネイチャー』に発表された当時、世界の研究者たちはこの化石をどう解釈すべきか困惑したはずだ。なぜなら、その姿は現在のサメとはかなり異なったものだったからである。ひときわ目を引いたのは、胸鰭《むなびれ》から生えた大きな棘である。このような特徴は、現在のサメには見られない。その後の追加研究により、このような棘は、胸鰭だけでなく、体の腹側などに10本以上あったらしいこと、そしてこのような棘を持つのはドリオダスだけでは無いことも明らかとなった。

ドリオダスの復元図。胴体や鰭に棘が複数生えている。復元図：冨田武照

さらに、2014年に面白い発見があった。これは、前出のクラドセラケに近縁な、オザークスというサメについてのものである。この発見は北米アーカンソー州から発見された化石の再調査によってもたらされた。この化石の興味深いところは、その特殊な保存状態にある。クラドセラケやドリオダスの化石は、押し花のように地中の重みで真っ平らに押しつぶされてしまっている。こうなってしまうと、元々の形を完全に復元するのは難しい。ところが、岩に閉じ込められているオザークスの化石をX線で観察すると、奇跡的に骨格が三次元的に保存されていることが分かった。最大の成果は、鰓《えら》の骨格構造が、古代のサメで初めて明らかとなったことである。

その構造が判明した時、この化石の研究者は目を疑ったに違いない。オザーカスの鰓の骨格は現在のサメとは大きく異なり、むしろ「より進化している」とされる硬骨魚類（マグロやタイといった、一般的に思い浮かべる魚の仲間）にそっくりであったのだ。

これらの発見は、パズルのピースのように組み合わさり、おぼろげながら一つの仮説を導き出す。それは、サメは生きている化石では無いというものだ。定説の根拠として引用されてきた古代のサメは、実際には現在のサメとは随分異なった特徴を持っていたらしい。むしろ、サメ以外の様々な魚類の特徴を併せ持つ奇妙な動物であったようだ。少なくとも、古代のサメの姿が現在にそのまま引き継がれているとする、過去の認識は改めなければならないだろう。近年では、古代のサメと現在のサメの近縁性すら疑う研究者も存在する。彼らは、クラドセラケ、ドリオダス、オザーカスの正体が判明するまで、これらの動物をサメと呼ぶべきではなく、サメ様軟骨魚類と呼ぶべきだと主張している。

サメが生きている化石なのかどうかという問いに、現時点で最終的な答えを出すことはできない。サメの初期進化があまりにも解明されていないのだ。その答えを与えるかもしれない化石は、博物館の引き出しの中にひっそりとしまわれているか、地中から掘り出されることなく今もどこかで眠っている。

サメの骨格はなぜ軟骨なのか？ 冨

サメの高級食材といえばフカヒレ。このフカヒレとは、サメのヒレから皮などを取り除き、内部の軟骨を乾燥させたものだ。サメの骨格は軟骨でできている。この軟骨とは、骨とは似て非なるもので、その成分も作られる過程も全く異なる。一方、私たちは、軟骨と骨を両方持っている。例えば、私たちの手足は骨によって支えられているが、関節部分には軟骨が使われている。ここで、素朴な疑問が浮かんでくる。なぜサメには軟骨しかないのだろう？　なぜサメは骨を作らないのだろう？「そりゃ、サメは原始的な魚だから、骨を作る能力がまだ進化していないのだ」と答えたあなた。実は、話はそう単純ではないのだ。

従来の説をおさらいしておこう。原始的な魚は、軟骨しか作れなかった。しかし、進化の過程で、軟骨に加えて骨も作れる魚が現れた。前者がサメなどの軟骨魚類、後者がマグロやタイなどの硬骨魚類というわけだ。さらに、硬骨魚類から、私たちのような陸上の脊椎動物が進化したため、私たちは軟骨と骨の両方を持っているというこ

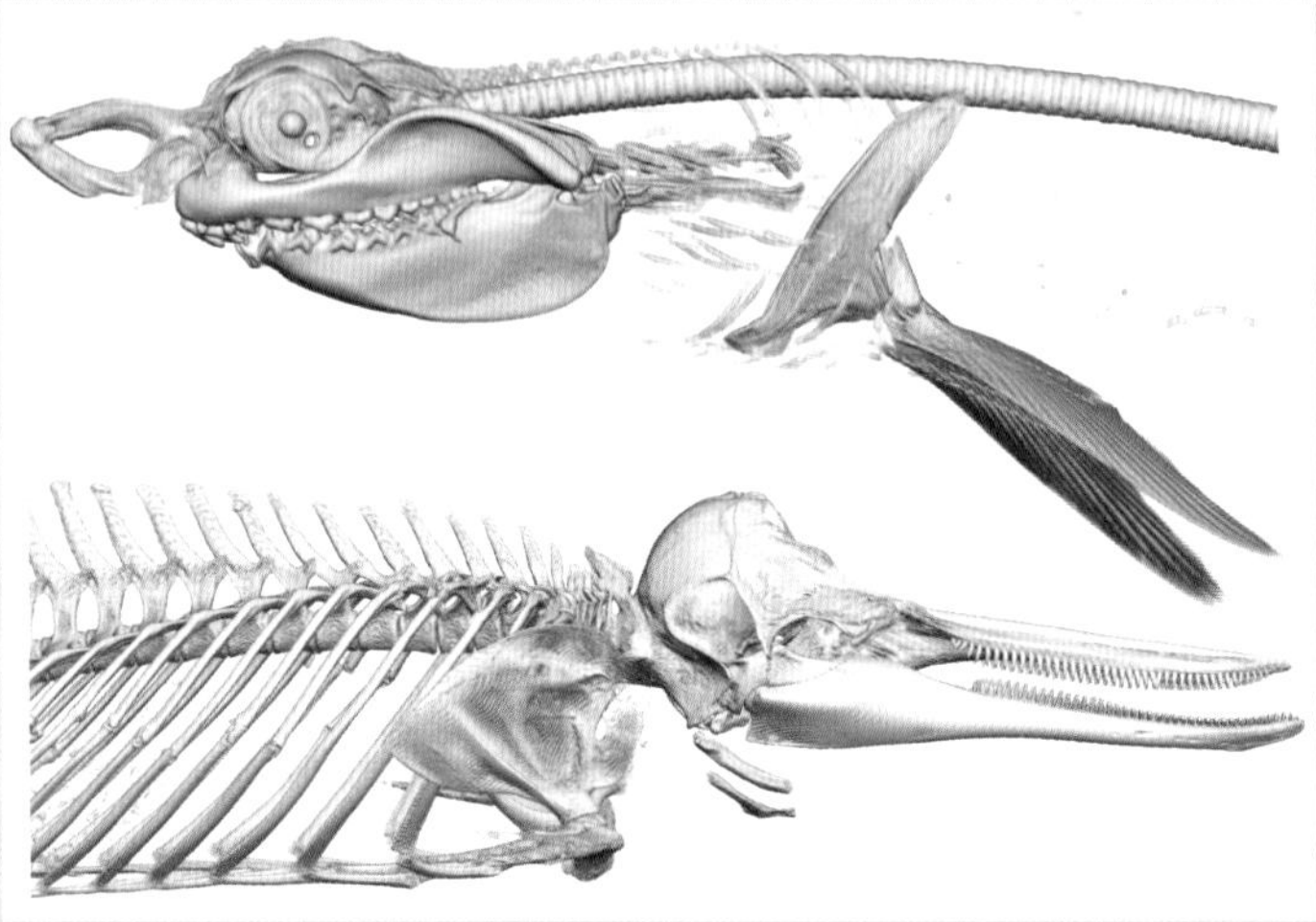

アオザメ（上）とマダライルカ（下）の骨格のCTスキャン像。軟骨魚類のアオザメの骨格が軟骨だけで構成されるのに対し、哺乳類のマダライルカの骨格は、骨と軟骨によって構成される。

とになる。

ところが、2020年になって、この説と矛盾するような不思議な化石が発表された。これは、4億1000年前のモンゴルの地層から発見された魚の頭部で、ミンジニアと名付けられた。重要なことは、この動物が、サメより原始的な魚である板皮《ばんぴ》類に属するということだ。肉眼で見ると地味な化石なのだが、X線で観察すると、血管が張り巡らされた骨格の内部構造が見事に浮き上がってくる。驚くことなかれ、この構造は骨そっくりであったのだ。つまり、サメより原始的な魚が、すでに骨を持っていたということである。

ここから、この化石を調査した研究者

たちは大胆な仮説を導き出す。彼らによると、板皮類のような原始的な魚は、骨と軟骨を両方持っていたという。このような魚から、骨を作るのをやめたグループが出現した。このグループこそ、サメなどの軟骨魚類だというわけだ。もしこれが本当だとすると、骨と軟骨を両方持つ我々は、軟骨魚類より古い魚の特徴を引き継いでいるということになる。

実は、骨の起源がかなり古くまで遡るのではないかという話は、以前から存在していた。例えば、板皮類よりもっと原始的な魚である甲冑魚《かっちゅうぎょ》の頭部を覆う装甲板《そうこうばん》は、骨に似た内部構造を持つことが知られている。さらに現生種のＤＮＡの研究からも、面白い事実が知られている。２０１４年、ゾウギンザメという、サメとは別のグループに属する軟骨魚類の遺伝情報が解読された。その結果、軟骨しか持たないはずのゾウギンザメにも、骨の形成に関わる遺伝子が存在することが分かったのだ。どちらの発見も、骨の起源が、軟骨魚類より昔に遡る証拠と考えることができる。

サメは、骨をまだ進化させていない原始的な魚なのか、はたまた骨を作ることをやめてしまった異端児なのか。食通が愛してやまないフカヒレの背後には、骨と軟骨の起源をめぐる、壮大な物語が隠されている。

メガマウスザメの起源を追え！ 冨

古代の魚の生き証人として知られるシーラカンス。このシーラカンスと並んで、20世紀最大の発見と言われるサメをご存知だろうか。そう、メガマウスザメだ。名前の由来となった不釣り合いに大きい口、全長7ｍ以上になる巨体、シワだらけの皮膚、どれを取ってもモンスターと呼ぶに相応しい。しかし、その高い知名度とは裏腹に、曰く古代ザメの生き残りだ、曰く暗闇で光る、などと不確かな噂が絶えないサメでもある。かくいう私も、真偽が入り混じった、その妖しい魅力にとりつかれた研究者の一人である。

メガマウスザメの大きな謎の一つは、その起源だ。本種が、いかにして地球上に出現したのか、全くと言っていいほど分かっていないのだ。生き物の進化の歴史を解読する有力な方法は、化石を調べることだ。ところが、メガマウスザメの場合、これがとんでもなく難しい。一般論として、サメの骨格は軟骨でできており、そもそも化石として残りにくい。そのため、化石として唯一残りやすい歯が重要な手掛かりとなる

メガマウスザメ。異常に大きい口など、奇妙な特徴を持つサメだ。
写真提供：（一財）沖縄美ら島財団

のだが、本種の歯は小指の爪より小さい。プランクトンを主食とするため、歯がとても小さいのだ。化石として残りにくい上に、残ったとしてもなかなか見つけられない。当然の帰結として、化石記録はほぼ皆無ということになる。ちなみに、アジア初のメガマウスザメ化石を発見・報告したのは、当水族館で教育普及を担当する横山季代子氏だ。彼女は間違いなく強運の持ち主と言えるだろう。

メガマウスザメの歯は、鉤爪のような独特な形をしている。だから、歯が一本でも見つかれば本種のものとすぐ分かる。研究者は世界各地の化石を調査し、メガマウスザメの進化の歴史を辿ろうとしてきた。ところが、そんな研究者の努力もむなしく、

恐竜時代のメガマウスザメとして当初報告された化石。左から外面（唇側面）、内面（舌測面）、側面から写した写真。写真提供：島田賢舟博士

本種の化石記録は約2000万年前を境にぷっつりと途絶え、それより古い時代からは見つからなくなる*。

ところが、2007年、大学院でサメの化石の研究に勤しんでいた私の耳に、驚くべきニュースが飛び込んできた。これまでの記録を大幅に更新する、9500万年前の地層からメガマウスザメの化石が見つかったというのだ。9500万年前といえば、まだ恐竜が陸上を闊歩していた時代である。この化石を報告したのは、デポール大学の島田賢舟教授である。彼はカンサス州の化石を調査する過程で、2本の不思議な歯を発見した。鉤爪のような形。これは、まさにメガマウスザメの特徴そのものである。とうとう、皆が追い求めてきた、原始的なメガマウスザメの化石を発見したのだ！　他の研究分野も彼の発見を後押しした。それは分子時計と呼ばれ、DNA情報から種の出現時期を推定する手法である。分子時計から推定されたメ

ガマウスザメの出現時期は、そう恐竜時代だ。

だが、当時の研究者の多くは、この発見に半信半疑だった。発見を喜ぶ者がいる一方で、誤同定だと一蹴する者もいた。別種のサメの歯が磨耗し、メガマウスザメの歯のような形になっただけとの声もあった。そして両陣営とも決定的な証拠を示せないまま、ただ月日が流れた。

ところが2015年、この化石が再び脚光を浴びることとなる。島田博士が、続編となる論文を発表したのだ。彼は9500万年前の北米とロシアの化石を調査し、その中に「メガマウスザメみたいな」歯を新たに多数見出した。これで、恐竜時代にメガマウスザメに似た歯を持つサメがいたことは、ほぼ確実となった。ところが、議論は思わぬ展開を見せる。博士は、再調査の末、前回の自らの説を撤回したのだ。つまり、この歯の形は一見メガマウスザメに良く似ているが、やはりメガマウスザメとは別系統のサメのものであるというのである。

では、この化石の正体は何者なのか？　島田博士は論文の中で、思い切った仮説を立てている。現在の海には、プランクトン食のサメがメガマウスザメ以外に2種類いる。ジンベエザメとウバザメである。実は、これらのサメは、別系統であるにも関わらず、互いに歯の形が良く似ている。端的にいえば、食物を刺したり切ったりするのに適さない形だ。プランクトンを食べるのに、これらの機能は必要ないからだ。そして、正体不明の歯の化石も良く似た形をしている。ここから導かれた結論は、この歯の持ち主もプランクトン食だったというものだ。もしこれが本当なら、メガマウスザメ、ジンベエザメ、ウバザメのどの系統にも属さない「第4の」プランクトン食のサメが恐竜時代には生きていたということになる。

この正体不明の化石をめぐる研究の顚末は、実にドラマチックだ。しかし、メガマウスザメの起源を探る旅は、また大きく後戻りしてしまったとも言える。追えども、追えども、なかなか正体を明かしてくれない。このミステリアスさもまた、メガマウスザメが多くの研究者を虜にする理由なのかもしれない。

＊＝2007年当時。島田博士の2016年の研究により、「本物の」メガマウスザメの化石記録は、現在3600万年前まで遡っている。

最大のサメ・最小のサメは？ 佐

〝世界で最も背の高い人〟や、〝最も体重が重い力士または軽い力士〟など、人間が把握し得るデータに基づく最大・最小値を探すことは、大変な作業ではあるが現実的には可能だ。その理由は、世界の人類は一部を除いてほぼ全数調査が可能なうえ、今の世界はインターネットというツールでつながっているから、情報収集が比較的容易なためである。一方で、それができない動物については、一部の人為的に全個体が管理された種を除き、野生種ではほとんど把握できない。そのような状況であるから、多くの動物種の最大・最小サイズは、これまで人間が発見し報告したデータの最大値、最小値として表現することになる。サメの場合も同様で、これまでに発見された現生における最大種は、ジンベエザメであることが明らかになっている。しかし、ジンベエの大きさについてさらに詳しく聞かれると、明確に返答できないことが多い。

マスコミの取材や子供向けの講演会の際に「ジンベエザメは最大でどれくらい大きくなるか？」と質問されることが多いのだが、これは実に答えるのが難しい。ジンベ

沖縄美ら海水族館の大水槽「黒潮の海」で飼育・展示されているオスのジンベエザメ「ジンタ」(全長8.8m)。飼育開始から26年が経過し、世界最長の飼育記録を誇るとともに、世界で最大の飼育動物でもある。写真提供:海洋博公園・沖縄美ら海水族館

エザメの最大全長は、研究者や書籍によってさまざまな説があり、ものによっては12mから20mまで、かなりの幅が見られる。私たち研究者には、科学に基づいた正確な情報を提供することが求められているので、〝これまでに発見された最大の個体〟を最大値として皆様にお答えしたいと考えている（これにも諸説あるのだが）。アメリカ海洋大気庁（NOAA）のホセ・カストロ（José Castro）博士が、2011年に出版した『Sharks of North America』では、その疑問に対する見解が示されているので、ここで紹介したい。

現在のところ、ジンベエザメの最大記録については、全長13.7mという説が最も広く流布している。カストロ博士はこの記録が、Wright（1870）に記載されたセイシェルでの計測〝言い伝え〟と、その他の不正確な情報に基づくものと結論付けている。さらに、この記録が広く引用された理由の一つが、サメの研究者の間で広く知られたBigelow and Schroeder（1948）によって、前述のWrightの記述をそのまま引用されたことによるものと考えている。さらに、世の中に出回っているサメの書籍では、「ジンベエザメは最大20mに成長する」との記述も見られるが、これも現実的には考えにくい数字である。この20m説の出所は、台湾での漁獲記録として「だいたい20mくらいだった」という漁業者からの聞き取りによる数字なのである。私はこれを即座に否定するつもりはないが、私たちの経験から判断すると、大きなサメが目撃された場合には、往々にして実際の数値よりもかなり水増しされた数値が流布するものだ。そもそも、サメの全長を計測する作業はとても難しく、ヒトによってかなりの誤差を生じてしまうため、トレーニングを積んだ人が計測しなければ信用されないことも多いのだ。では、ジンベエザメに関して、本当に信頼できる科学的に最大の記録はどの程度のものだろうか？　カストロ博士によると、実際に研究者によって計測されたものとして確認しうる最大記録は、1959年にインドで記録された、全長12.1mのメスと1983年にインドの海岸に座礁した12.18mのオスの記録であると述べている。おそらく、これはかなり妥当な数値であるとは思う。しかし、ほとんど全てのサメはオスよりメスのほうが大型化することを考慮すると、私はジンベエザメのメスはオスより最大2m程度大きくなるであろうと推測している。それを勘案すると、私は最大のサメはジンベエザメのメスであり、全長でおよそ13〜14mになると考えられる、と答えるようにしている。

もう一つ忘れてならないのは、サメの体重である。ジンベエザメは水の中で暮らしていて巨体であるが故、正確な体重の記録がほとんど存在しない。おそらく、正確に計測された最大のジンベエザメの体重は、沖縄美ら海水族館が測定した定置網での混獲個体である全長9.1m、体重6360kgのオスであろうと思われる。この個体は発見時に若干衰弱していたことを考慮すると、健康な個体あるいはメスの成熟個体の体重はさらに大きくなるだろうと推測される。

次に、もう一つの難題である、〝世界で最も小さいサメ〟を検討してみたい。これも実に難しい質問だ。その理由は、それぞれの種の最大サイズが明確でないことにある。小さなサメはほとんどが深海の稀種で、捕獲データが乏しく、それぞれの種が最大何cmになるかと聞かれても、誰も答えられない（ジンベエザメですら分からないのだから）。その代わり、私は成熟サイズを基準にすることで、最小のサメを決定しても良いのではないかと思っている。これまでの書物に名前が出てくる最小のサメ候補について、最大記録およびオスの成熟サイズを比較してみると、❶ペリーカラスザメ* *Etmopterus perryi*（最大20cm／成熟サイズ16〜17.5cm）、❷ツラナガコビトザメ *Squaliorus aliae*（22cm／15cm）、❸オタマトラザメ* *Cephalurus cephalus*（24cm／18〜19cm）、❹オナガドチザメ* *Eridacnis radcliffei*（24cm／18〜19cm）、という感じである。どれも小さく、この数字の信ぴょう性も定かではないが、世界的に最小のサメとして語られることが多い、ペリーカラスザメとツラナガコビトザメの両者を、暫定的に世界最小として良いだろうと思う。

＊＝❶❸❹和名は『Sharks サメ――海の王者たち――』（仲谷一宏）より参照。

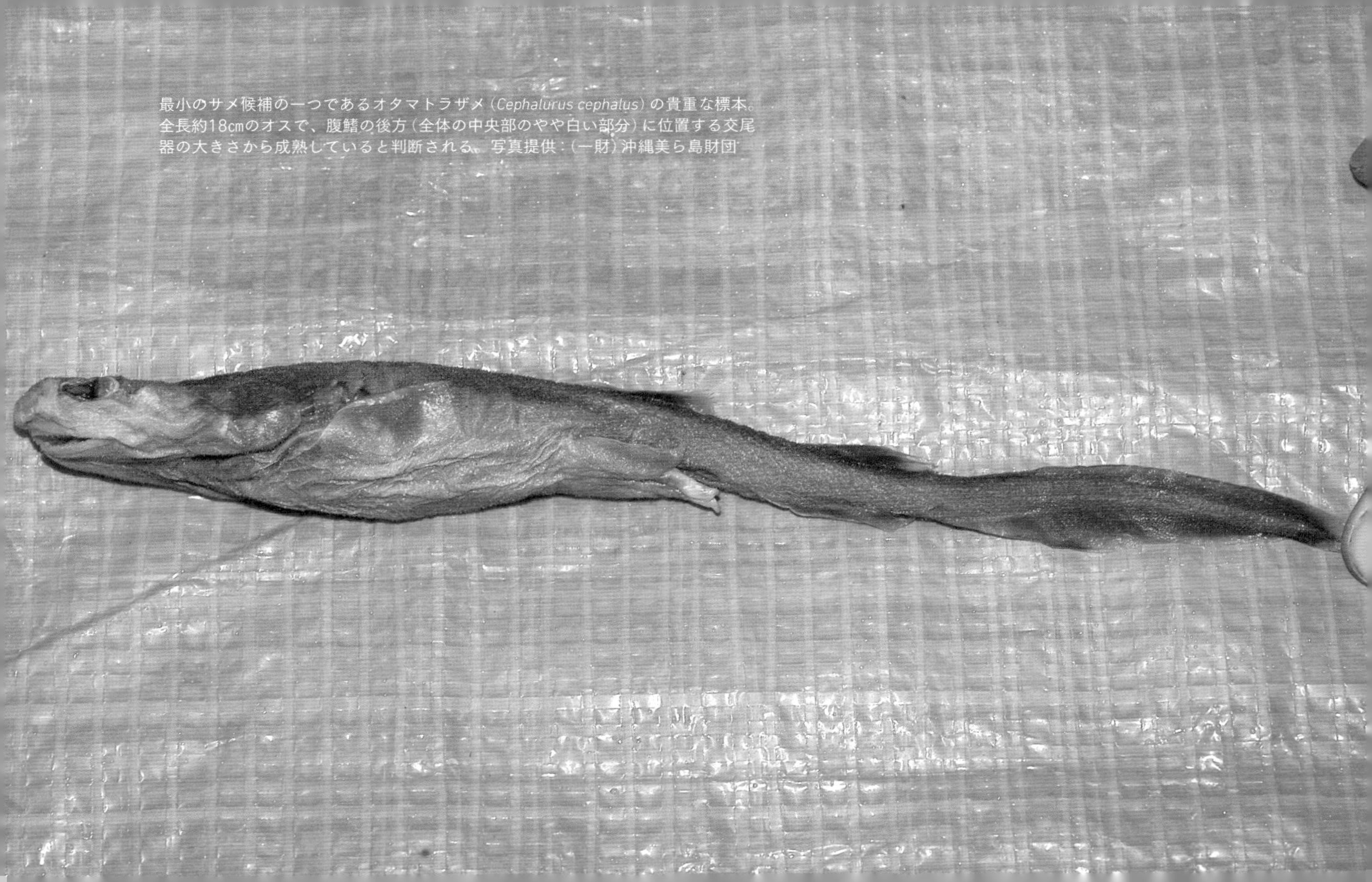

最小のサメ候補の一つであるオタマトラザメ（*Cephalurus cephalus*）の貴重な標本。全長約18㎝のオスで、腹鰭の後方（全体の中央部のやや白い部分）に位置する交尾器の大きさから成熟していると判断される。写真提供：（一財）沖縄美ら島財団

メガロドンの真の顔 富

　大きいことはいいことだ。ゴジラ然り、ガメラ然り、巨大怪獣はいつだって子供たちの人気者だ。そんな子供たちの人気を一身に集める古代ザメがいる。そう、メガロドンだ。その大きさは、まさにモンスター級だ。一本の歯が手のひらサイズ。そんな歯が顎《あご》に何十本も並んでいるのだ。歯の大きさから推定される全長は、15mを超えるとも言われる。沖縄美ら海水族館で飼育されているオスのジンベエザメが現在8・8mだから、その巨大さは我々の想像を超えている。

　ところで、メガロドンはどんな顔つきのサメだったのだろう？　復元図の監修などの仕事をしていると、真っ先にコメントを求められることの一つだ。ところが、古代ザメの容姿を復元することは絶望的に難しい。恐竜のように、頭部の骨格が発見されている動物であれば、筋肉や皮膚をかぶせることで、ある程度「科学的に」顔を推定できる。ところが、サメの骨格は軟骨でできているから、歯以外の部分が滅多に化石には残らない。メガロドンだって然りだ。骨格からの復元ができないとすると、残さメガロドンの歯（実物大）。
撮影：宮本圭氏

れた道は、現在生き残っている近縁種からの類推だけである。

一般的に、メガロドンは、巨大なホホジロザメとして復元される。2018年のSF映画『MEGザ・モンスター』に出演したメガロドンがその典型例だ。ホホジロザメとメガロドンは歯の形が互いに良く似ている。両者とも、三角形のシルエットを持ち、縁にノコギリのようなギザギザが付いている。実際、若いメガロドンの歯は、専門家でなければホホジロザメと見分けがつかないほどだ。このことから、メガロドンはホホジロザメと兄弟関係にあると考えられてきた。

ところが、この仮説に異議を唱えたのが、モンペリエ大学のアンリ・カペッタ（Henri Cappetta）博士である。彼によれば、メガロドンとホホジロザメはそれほど近縁なサメではない。これは、メガロドンの起源を追跡すれば明らかだという。

実は、メガロドンの歯は、彼らが生息していた期間（約2300万年前〜350万年前：諸説あり）を通じ、大きさや形が変化することが知られている。一般的にイメージされるメガロドンの歯は、比較的新しい時代のもので、より古い時代のものはサイズが少し小さい。違うのはサイズだけではない。新しい時代のメガロドンの歯が単純な三角形をしているのに対して、古い時代のものは、歯の両脇に一対の小さい突起（副《ふく》咬頭《こうとう》という）がちょこんと付いている。さらに時代を遡ると、この突起はもっと大き

オトダス・オブリクースの歯。近年の研究では、メガロドンの祖先に近いと考えられている。
撮影：宮本圭

く目立つようになり、ここまでくるとメガロドンとは別種のサメとして認識されるようになる。

重要なことは、この古い時代のメガロドンが、オトダス・オブリクースという化石種にそっくりであることである。多少の違い（例えば、メガロドンの歯にはギザギザが付いているのに対して、オトダス・オブリクースには付いていない）こそあれ、全体の形は確かに良く似ている。これをもって、カペッタ博士は新たな仮説を提唱した。つまり、メガロドンは、ホホジロザメとは全く別の起源を持つサメだというのだ。

一方、メガロドンの兄弟とされたホホジロザメについても、その起源の解明が進んでいる。２０１２年、チリの４５０万年前の地層から、興味深いホホジロザメの化石が報告された。奇跡的に、歯と頭部骨格がまるごと保存された、たいへん美しい化石である。研究したモンマス大学のダナ・エーレット（Dana Ehret）博士は、奇妙なことに気がついた。この化石は、一見ホホジロザメに見えるが、詳細に観察するとアオザメを思わせる特徴が混じっているのだ。例えば、この化石の歯は、アオザメのように少々細長い。アオザメといえば、現生種の中でホホジロザメに最も近縁とされるサメである。つまり、この発見は、ホホジロザメの起源がアオザメのようなサメであったことを裏付ける証拠と考えられるのだ。

ここまでの話を要約すると、つまりこういうことになる。メガロドンとホホジロザメは、起源を辿るとそれぞれ別の祖先に行き着く。両者が兄弟というのは間違いで、歯の形が似ているだけの他人同士というわけだ。この仮説は、研究者の間に急速に浸透しており、新たな定説になろうとしている*。

このメガロドンの起源に関する顚末は、同時に厄介な問題を引き起こす。メガロドンの顔の問題である。メガロドンがホホジロザメに近縁なサメでないとなると、メガロドンを復元するにあたり、ホホジロザメを参考にする正当な理由がなくなってしまう。加えて、メガロドンが新たに属することとなったオトダスの系統は、現在は完全に途絶えてしまっており、その顔をうかがい知ることは永久にできなくなってしまった。

ところが、である。2018年に衝撃のニュースが世界を駆け巡った。なんと、メガロドンの頭部の化石が、スイスのアータール恐竜博物館にて期間限定で公開されるというのだ。SNSを通じて拡散された写真には、メガロドンのものと思しき巨大な頭部が写っている。もしこれが本当なら、メガロドンの顔がずっと鮮明に復元できるようになるだろう。「もし本当なら」と書いたのは、この標本がまだ科学論文として公表されていないからだ。この手の情報には、十分慎重にならなければならない。学術調査で発掘されたものでない限り、化石に見栄えを良くするための人為的な改変が行われることがあるからである。研究中との噂もあるから、真贋を含めて続報が待たれるところだ。モンスターの正体がついに明らかになるのか？　今後もメガロドンのニュースから目が離せない。

＊＝メガロドンの系統的位置の不確かさは、学名の不安定さをもたらしている。メガロドンがオトダスの系統のサメだとする一連の研究をみても、*Carcharocles megalodon*・*Megaselachus megalodon*・*Procarcharodon megalodon*・*Otodus megalodon*と、何度も名前が変更されてきた。

2章 想像を超えるサメの生態

サメの寿命はどれほどか？ 佐

　サメは一体何年生きるのだろうか？　もちろん、サメにも色々あるから一概には答えられないが、総じていえば長寿命である。私は沖縄に来て20年が経つが、水槽の中には私自身よりも先にいたサメが何種類かいる。特に、オオメジロザメについては、既に飼育開始から42年が経過し、一般的に語られている推定寿命をはるかに超えて元気に生きている個体が存在する。

　現在知られているサメの中で、科学的に最も長寿命と認められているサメは、北太平洋の北極域の深海にすむニシオンデンザメと考えられている。デンマーク・コペンハーゲン大学の研究グループが２０１６年に発表した論文によると、彼らが推定したニシオンデンザメの寿命は最低でも２７２年、調査を行った最大個体の推定年齢は３９２±１２０年とのことだ。これが正しければ、脊椎動物で最も長寿ということになる。一般的に、サメの年齢は脊椎骨に刻まれた輪紋から推定することが可能である。１９５０年代に世界各地で行われた核実験により、環境中に放出された大量の放

深海トロール漁で混獲されたニシオンデンザメ。1991年8月グリーンランド沖にて。写真提供：高知大学 遠藤広光氏

射性物質が、特定の輪紋にマーキングされていることから、長寿命のサメでは輪紋とその年代を正確に照合することができるのである。一方、ニシオンデンザメでは、脊椎骨の輪紋形成が弱いため、年齢の推定には向いていない。彼らは眼のレンズのたんぱく質に着目した。一般に、眼の水晶体核は代謝がないたんぱく質で構成されているため、出生前に形成されたものがそのまま保存されていると考えられている。そこで、ニシオンデンザメの水晶体核の炭素放射性同位体による年代測定を行ったところ、上述の数値が推定されたというわけだ。この論文が発表された当初、世界中のサメ研究者の間では様々な意見が散見されたが、私自身はさもありなんな結果だと思った。実

は、ニシオンデンザメの成長速度や生態については、数は少ないものの先行研究が存在する。1963年に発表された記録によると、全長262㎝の個体に標識を付けて放流し、16年後に採捕された際の計測では270㎝であった。つまり、この個体は16年で0.5㎝程度しか成長していないのだ。また、別の個体では14年で15㎝成長していた記録もあるが、いずれにせよ本種の成長が超スローペースであることが分かる。

オンデンザメが長寿であることと同時に、もう一つ驚きの事実がある。それは、本種の成熟年齢が150歳前後であり、人間が15〜18歳で成熟すると考えれば、その10倍の年月を要するということだ。一般的に、成熟が遅いサメは、一度個体数が減少すると回復までに相当の年月を要する。ゆえに、ニシオンデンザメは、一度個体数が減少してしまうと、回復がほぼ困難な状況に陥ることは、容易にご理解いただけるのではなかろうか。

他のサメたちにも目を向けてみたい。私にとって身近なサメであるジンベエザメはどうだろうか？　意外かもしれないが、ジンベエザメはサメの中でも最も成長が速い種の一つである。最も信頼できるデータは、台湾で捕獲された妊娠メスから得られた胎仔《たいし》を、大分マリーンパレスで飼育した記録で、全長70㎝の個体が3年68日間の飼育で3・69ｍに成長したことが知られている。動物の成長率は、低年齢ほど高い値を示

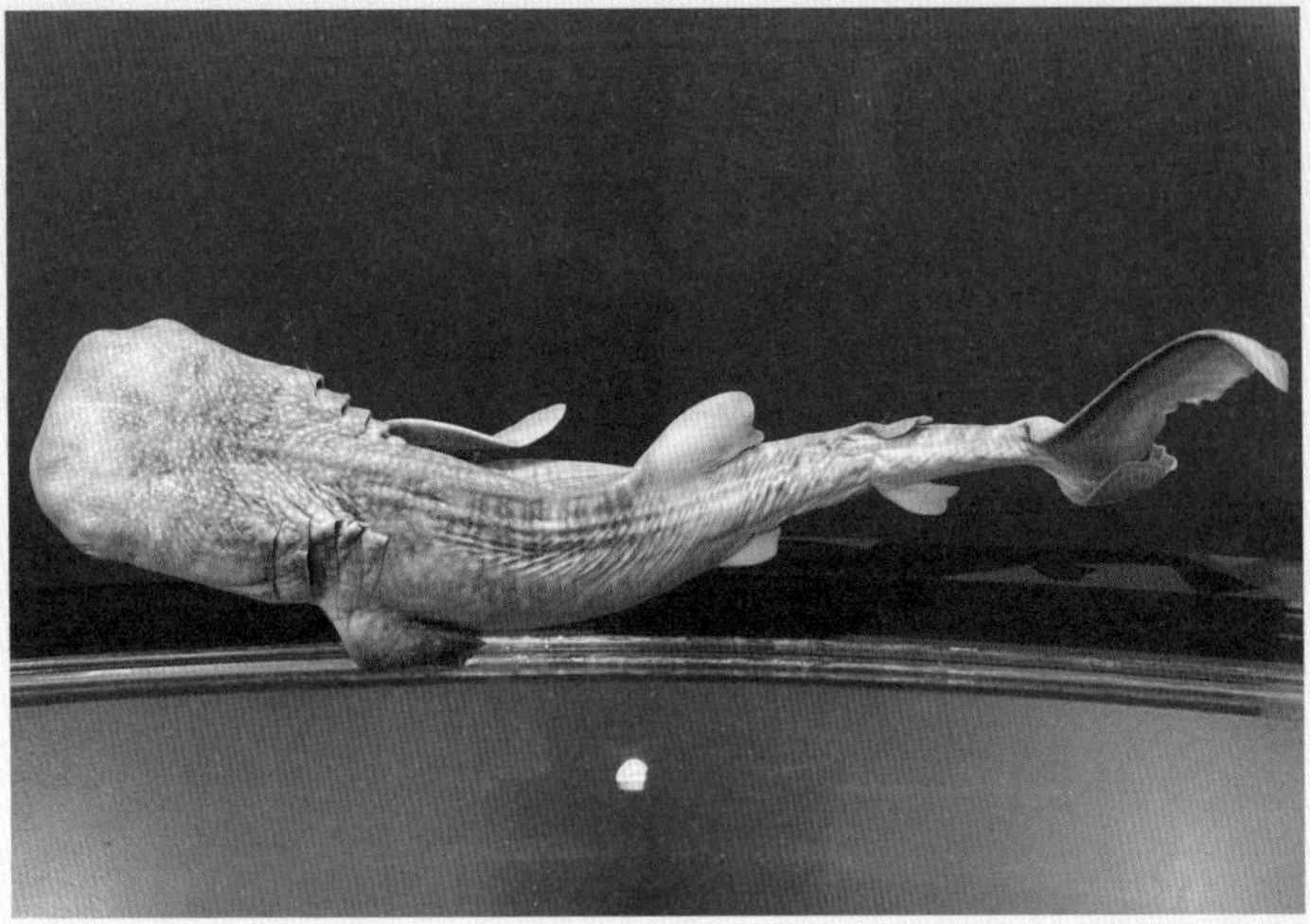

沖縄美ら海水族館に展示されている全長約50cmのジンベエザメ胎仔標本。写真提供：海洋博公園・沖縄美ら海水族館

すのだが、3年で3mも成長するサメは他には存在しない。一方、ジンベエザメの寿命については、明確な根拠となる記録がない。そもそも、全長10mを超える個体の調査記録がほとんどないことや、先述した脊椎骨の輪紋による年齢査定が比較的行われているものの、その読み取り方によって大きく異なる結果が出てしまっているので、推定の基礎となる根拠も曖昧な状態だ。何よりその大きさ故研究材料としての扱いにくさが最大の問題だろう。沖縄美ら海水族館では、ジンベエザメを長期間飼育することにより、ジンベエザメの様々な生物学的データを取得している。例えば、2020年現在、飼育開始から26年が過ぎたオスの「ジンタ」は、飼育17年目の2012年に

全長8・5mで成熟に達したことが実証されている。ジンタは1995年当時、全長4・6mであったことから、過去のデータを考慮すると25歳前後で成熟したと推定できそうだ。現在は、もう一方の飼育個体であるメスの成熟過程を注意深くモニタリングしている状況だが、もうじき成熟を開始するのではないかと期待している。話を寿命に戻すが、多くのサメの成熟年齢と寿命がある程度関係すると考えれば、ジンベエザメは間違いなく人間より長寿命で、100年以上生きることが可能であろう。もし可能なら、水族館のジンベエザメには寿命の限界まで私たちに観察させてほしいと願っているが、水族館の建物も私自身も先に寿命を迎えて、それを見届けることはできないだろう。とにかく、大きなサメのデータを取るのは、大変な労力と時間がかかるものだ。私たちは今、誰も成しえない壮大な研究に果敢に挑戦していることを実感する。

ニシオンデンザメやジンベエザメに限らず、サメ類は一般に成熟が数年～数十年と極めて遅く、長寿命である。もしかすると、深い海の中には江戸時代からあるいはもっと以前から、ひっそりと生きてきたサメたちがいるのかもしれない。「畏敬の念」という言葉は、私がサメたちに抱く感情を表している。彼らから見れば若輩者の人類ではあるが、人間が彼らを絶滅に追い込むことだけは、絶対に避けなければならない。

なぜサメのペニスは2本あるのか？ 冨

サメは二本のペニスを持っている。これは比較的良く知られた事実で、仲谷一宏北海道大学名誉教授による、『サメのおちんちんはふたつ――ふしぎなサメの世界』（築地書館、2013）という本があるくらいだ。水族館で泳ぐサメの腹鰭《はらびれ》を見てみて欲しい。そこに2本の突起があればオス、なければメスだ。学術的には、この突起はクラスパーあるいは交接器と呼ばれる。私は付き合い始めて間もない彼女（現・妻）とデートで訪れた水族館で、この知識を得意げに披露した痛々しい記憶がある。パートナーに嫌われることを厭わないというあなたは是非真似してもらいたい。

ところで、サメが2本のペニスを持つという事実にはいくつかの重要な意味がある。まず着目すべきは、魚類であるサメが、我々と同じく体内受精を行うということだ。オスはメスの体内にペニスを挿入し、精子を海水とともに射出する。メスの体内に注入された精子は卵子と出会い、受精に至る。これは、マグロやタイといった「一般的な」魚が、体外受精を行うのとは対照的である。魚における体内受精の進化に関しては、近年非常に面白い話があるのだが、これはまた別のところでお話ししよう。

さて、ここで湧き上がってくる疑問は、なぜサメのペニスが我々のように一本ではなく二本なのかということである。これは、両者のペニスの作られ方と密接な関係がある。我々のペニスは、胎児期に尿道の出口が伸長することで作られる。一方、サメのペニスは腹鰭を支える軟骨の一部が伸長することで作られる。腹鰭は左右一対あるから、ペニスも左右一対あるというわけだ。両者のペニスの作られ方が異なるということは重要な意味がある。つまり、サメと我々のペニスは、進化上その起源が異なるということだ。サメのペニスの起源はかなり古いと考えられており、今から約3億6000万年前の地層からペニスを持つ軟骨魚類の化石が発見されている。3億6000万年前といえば、恐竜時代のずっと前、我々の遠い祖先がよう

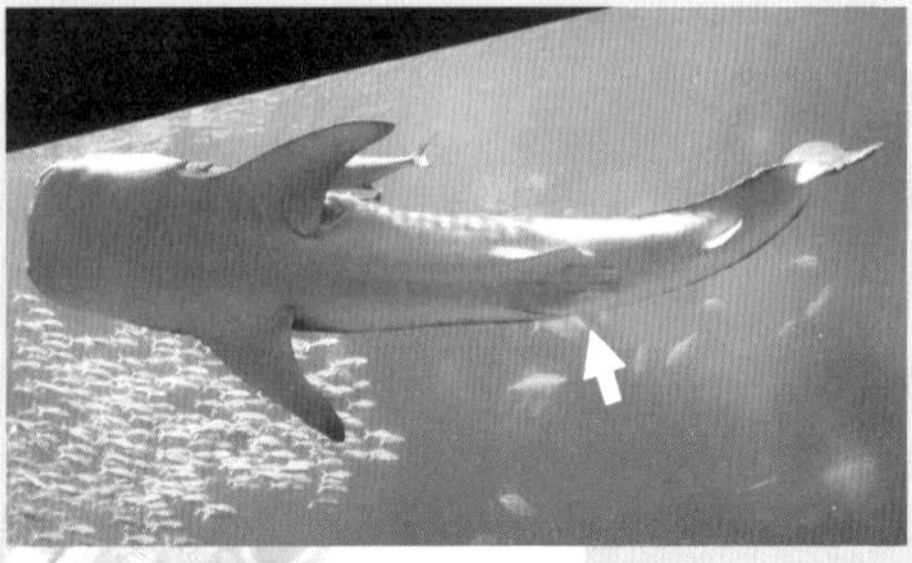

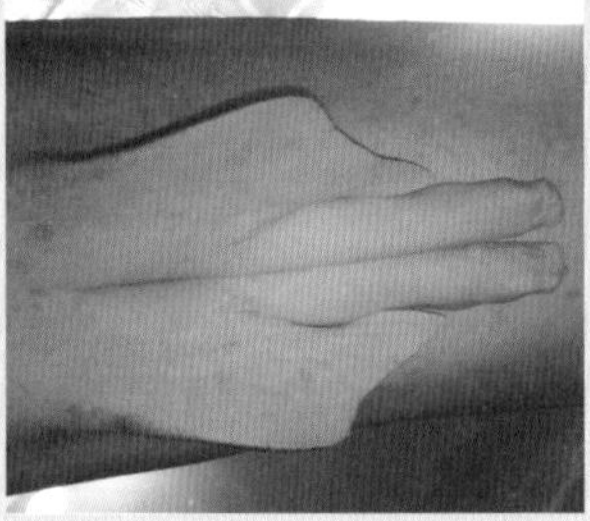

沖縄美ら海水族館で飼育されている雄のジンベエザメ（上：矢印はペニスの位置を示す）と、ペニスの拡大写真（左）。写真提供：海洋博公園・沖縄美ら海水族館

やく陸上に進出したくらいの時代である。サメのペニスは、我々のペニスより古い起源を持つということは間違いなさそうである。化石を掘りに行かなくても、水族館に行くだけで「脊椎動物最古のペニス」を見ることができる。我々はなんと幸せなことか。

ところが、2015年になって、この最古のペニスの称号を脅かす興味深い発見があった。これは、約3億8500万年前に生息していたミクロブラキウスという奇妙な魚の化石で、全身が保存された美しい化石が数多く発見されている。重要なことは、この魚が板皮類と呼ばれる、サメより原始的な魚のグループに属していることだ。これらの化石を注意深く観察した研究者は、その腹鰭にペニスと思しき突起がある個体が混じっていることに気がついた。すなわち、これはペニスの起源がサメより遡ることを示す証拠と

板皮類ミクロブラキウスの交尾の様子を描いた復元図。
Long et al. (2015) より転載。

考えられる。

当時、この発見は「最古の体内受精をする魚の発見」として取り上げられたが、この化石が巻き起こした学術上の論争についてはあまり語られなかった。最大の論点は、ミクロブラキウスのペニスがサメのペニスと同じものかどうかという点である。『ネイチャー』誌に掲載されたこの論文を読むと、この著者が化石の解釈に苦慮していた様子がありありと推察できる。ミクロブラキウスのペニスは、サメと同じく腹鰭に一対存在している。ところが、その外見は両者で大きく異なり、サメのペニスが腹鰭から後ろに向かってまっすぐ伸びているのに対して、ミクロブラキウスのペニスは根元から90度側方に折れ曲っている。異なるのは外見だけではない。サメのペニスが腹鰭の軟骨が変形してできたものであるのに対して、ミクロブラキウスのペニスは体表を覆う骨（皮骨）が変形してできたものと考えられている。この観察結果が示すところは重大である。つまり、サメとミクロブラキウスのペニスは、起源を異にする別物である可能性があるのだ。

現在の脊椎動物には引き継がれていない幻のペニスがあった——この仮説は非常に魅惑的ではあるが、まだまだ検証半ばである。

何度でも生え変わる歯の謎 冨

皆さんは8020（はちまるにいまる）運動をご存知だろうか。80歳までに20本の歯を残そうという、日本歯科医師会と厚生労働省が行なってきた啓蒙活動である。我々の永久歯は、（親知らずを含めて）32本。つまり、永久歯に生え変わってからの70年以上の間で、わずか12本しか失うことができない計算だ。一方、サメはそんな悩みとは無縁である。彼らの歯は、何度でも生え変わるからだ。シロワニというサメから計測された、生え変わり周期をもとに計算してみると、私たちにとって大切な32本の歯を、彼らはたった1か月で使い捨てているらしい。全く羨ましいばかりだ。

実は、無限に歯が生え変わるというのは、サメの特権ではない。サメ以外の魚類も、両生類も、爬虫類も、みんな歯を使い捨てている。むしろ、一回しか生え変わらない哺乳類こそ例外なのである。ちなみに、クジラは一度も歯が生え変わらず、乳歯のまま一生を過ごす。私たちの祖先は、無限に歯が生え変わる能力を、進化の過程で失ってしまったのだ。

では、サメの歯の特徴は何かと問われれば、それは歯の交換方法ということになる

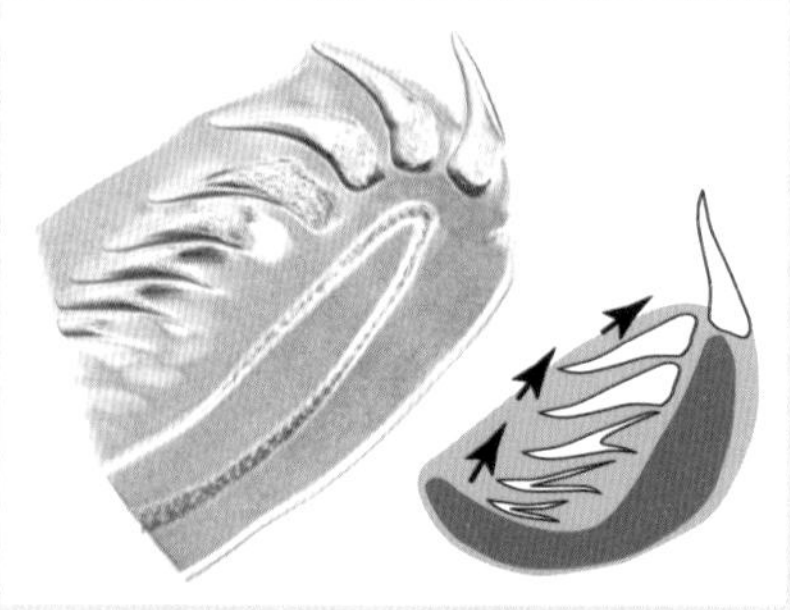
ホホジロザメの下顎の断面のCT画像（左）とその模式図（右）。顎の奥で作られ始めた歯は、顎の内側を移動し、顎の外側に到達したところで歯茎から萌出する。

だろう。皆さんも、幼少期に歯が生え変わった時のことを思い出してほしい。乳歯がグラグラしてくるころには、乳歯の直下には永久歯が作られている。そして、永久歯は、上の乳歯を押しのけて歯茎から萌出する。一本一本の歯が作られる場所は固定されていて、歯槽と呼ばれる顎に空いた複数の凹みである。並んだ植木鉢から、それぞれ一本ずつ木が生えてくるイメージと言おうか。

一方、サメの場合、形成過程の歯が時間とともに移動する。新しい歯が作られるのは、顎骨《がっこつ》の内側の一番深いところ。そして形成過程の歯は、顎骨に沿って浅みに移動し、顎骨のへりに到達したところで、最終的に歯茎《はぐき》から萌出《ほうしゅつ》する。まるで、工業製品が組み立てられながらベルトコンベアーで移動し、終着点で完成するイメージである。萌出した歯は、いずれ歯茎から抜けてしまうが、そのころには次の新しい歯が到着し、直ちに補塡される。サメの顎骨の内側には、このような予備の歯がずらっと並んでいる。

さて、実はここまでの話は、この章の前置きに過ぎない。サメが生涯歯を使い捨てていることや、歯が抜け変わる仕組みについては、他書で読んだという方も多いだろう。そんなサメ好きのあなたに、サメの歯の進化にまつわる、とっておきの化石の話をしよう。きっと驚くはずだ。

その化石とは、北米の約3億6000万年前の地層から発見された、クテナカンタスと呼ばれる古代ザメである。私も実物を見たことがあるが、ミイラのように皮膚の痕跡まで保存された大変美しい化石だ。この化石を研究したクリーブランド自然史博物館のマイケル・ウィリアムズ（Michael Williams）博士は、2001年に興味深い論文を公表した。博士が着目したのは、この化石の頬のエリアである。彼は、そこに正体不明の歯が密集していることに気がついた。本来歯の生えていないはずの場所に、なぜたくさんの歯が集まっているのだろう?

博士は、この歯を顕微鏡で丹念に観察し、3つの重要な事実を発見した。第一に、この歯は新品ではなく、使用済みであった。第二に、これらの歯の中には、若いころのものと思われる歯が混じっていた。第三に、これらの歯は顔の表面ではなく、皮膚の下に埋没していた。これらの観察結果から、博士が導き出した結論は、「現生のサメと異なり、この古代ザメは歯が抜け替わらなかったのではないか」というものだ。彼によれば、クテナカンタスの歯は、使用後も歯茎から抜けることなく、皮膚の下に再び潜り込み、

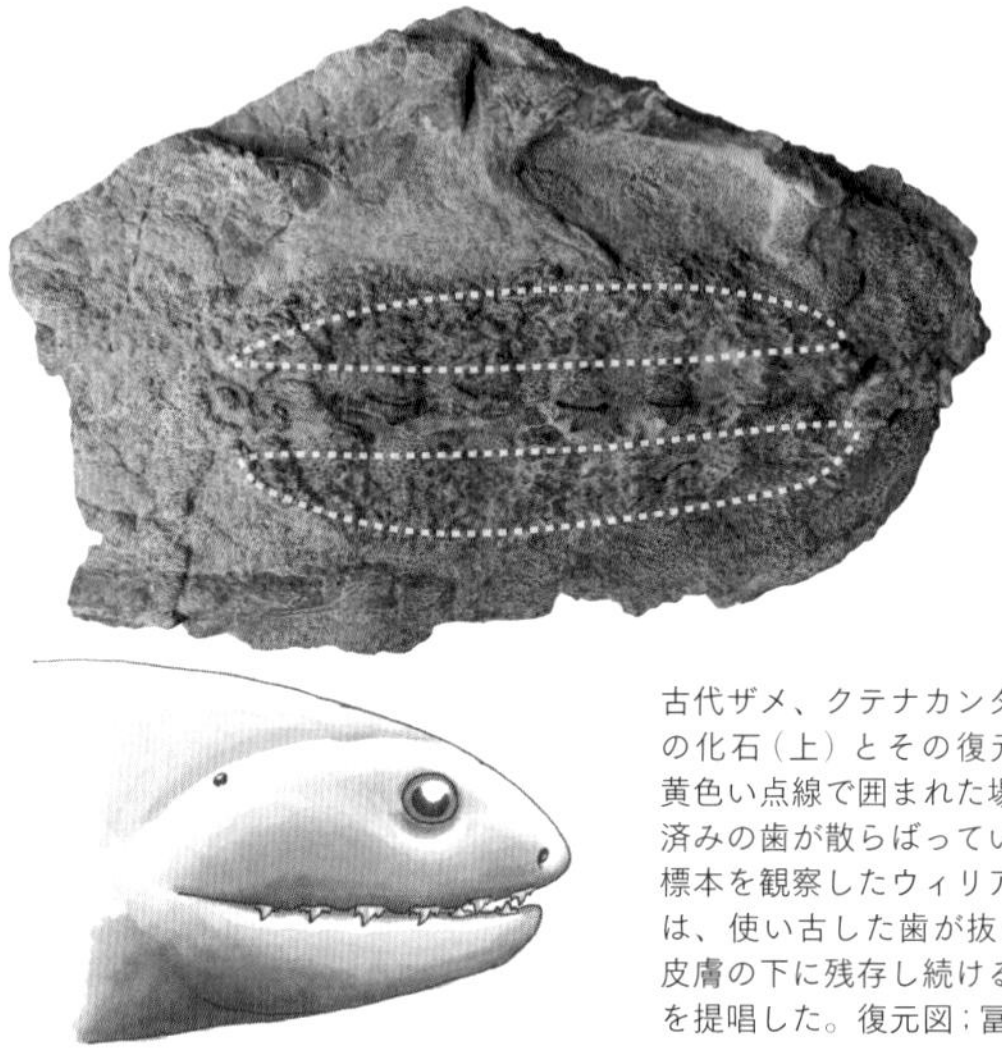

古代ザメ、クテナカンタスの頭部の化石（上）とその復元図（下）。黄色い点線で囲まれた場所に使用済みの歯が散らばっている。この標本を観察したウィリアムズ博士は、使い古した歯が抜け落ちず、皮膚の下に残存し続けるという説を提唱した。復元図；冨田武照

類の中の空間（?）に集積したのだという。このような特徴は、原始的なサメ全般に見られると博士は推察している。

にわかには信じられない話であるが、言われてみれば、サメの歯は必ず抜け落ちなければならないという道理はない。ウィリアムズ博士がこの論文を発表して、すでに20年が経とうとしているが、彼の仮説は奇説として扱われ、まともに議論すらされていないように思われる。惜しむらくは、論文発表の2年後に博士が他界したことだ。化石証拠の不完全さを持って、古生物学者の仮説を軽んじる者がいる。しかし、それは高慢というものだ。化石証拠に虚心坦懐であれ、というのが私の信条である。

サメの尾の問題なデザイン　冨

「Form ever follows function（形式は常に機能に従う）」とは、19世紀の建築家ルイス・サリヴァンの言葉である。建築物は、使用用途に即してデザインされるべきだという彼の主張を端的に表した言葉だ。機能的でない様式美などクソ食らえ！という彼の強い闘志が感じられる。実際、建築に限らず、私たちが日常で使う工業製品が、いかに機能的に考え抜かれたデザインであることか。このことに気づくと、鉛筆の断面が六角形であることにすら感動を覚えてしまう。

一方、生物のデザインに機能的意味を見出すのが、私の専門とする機能形態学だ。生物は多種多様な形をしているが、なぜ生物がその形をしているのか解明する学問とでも言おうか。その機能形態学者たちが80年以上にわたって研究し、いまだに十分に理解できていないもの、それがサメの尾鰭なのである。

サメの尾鰭の形は種によって様々だが、その形は遊泳生態と密接な関係がある。分かりやすい例が、ホホジロザメやアオザメなどに見られる三日月型、もしくはブーメ

上下対称な三日月形の尾鰭（左上：ホホジロザメ）と、多くのサメに見られる上葉が下葉より長い尾鰭（左下：ドチザメ、右上：ヨシキリザメ、右下：ホウライザメ）。写真提供：（一財）沖縄美ら島財団

ラン型の尾鰭である。この尾鰭はイルカやマグロにも見られ、高速で泳ぎ続ける動物の特徴であることが知られている。この形の機能的意味については、物理学的な観点から徹底的に研究されており、少し動かすだけで大きな推進力を得られる形であることが判明している。つまり、少ないエネルギーで長距離泳ぐのに向いている尾鰭なのだ。

むしろ謎が多いのは、「その他大勢」のサメたちの尾鰭である。一般的に魚の尾鰭は、上下に二股（二葉）に分かれた形をしている。ところが、多くのサメの尾鰭は、下葉が上葉より短い上下非対称な形をしている。専門的には、このような尾鰭の形を異尾《いび》と呼ぶ。遊泳性が低いサメほど下葉が短くなる傾向があり、沖縄美ら海水族館の水槽の底でゴロゴロしているトラフザメのように、下葉がほぼ無くなってしまっているものもいる。

まず不思議なのは、上下非対称な尾鰭で、なぜまっすぐ泳げるのかということである。この疑問に答えるために、初期の研究では、死んだサメの尾を水中で振って、どのような力が発生するか調べられた。その結果、やはり上下非対称の尾鰭では、水をまっすぐ後方には押し出すことができないという結論が得られた。これは大問題である。例えて言えば、船のスクリューが曲がってついているようなものだ。尾鰭を水中で振ると、水を後方だけでなく下方にも押す力が働くらしい。この下方の力の反動で、尾が持ち上がってしまう。これではまっすぐ泳げないから、胸鰭などを使って姿勢を矯正しているという。こんな不便なことがあるだろうか？

この古典的な説に真っ向から対立したのが、イェール大学のキース・トムソン（Keith Thomson）博士である。彼は、１９７７年の論文の中で、サメの尾鰭は水をまっすぐ後方に押し出せるはずだと主張した。詳細は省略するが、尾鰭には、水を後ろに押し出す力、上方向に押し出す力、下方向に押し出す力が同時に発生しているという。

サメの尾鰭の機能に関する二つの仮説。従来の仮説（上）では、尾鰭は水を下方に押し出すと考える。一方、トムソン博士の仮説（下）は水を後方にまっすぐ押し出すと考える。

上下方向の力は互いに相殺するため、総合的に見ると、水はまっすぐ後方に押し出されるという。要するに、上下非対称な外見に騙されているだけで、サメの尾鰭は上下対称の尾鰭と同じように機能するというのが彼の説である。

この論争はその後も白黒つかず、教科書には両方の説が併記される時代が続いた。ところが、2000年代のハーバード大学のジョージ・ラウダー（George Lauder）教授らの研究によって、この論争がようやく決着をみることになる。

彼らの立てた作戦は極めてシンプルだ。これまでの研究のように尾鰭そのものを観察するのではなく、尾鰭の後ろに発生する水の動きを観察しようと考えたのだ。水が斜め下に押し出されていれば古典的な説、まっすぐ後方に押し出されていればトムソン博士の説が正しいということになる。

彼らは、たくさんの微粒子の舞う水の中で小型のサメを泳がせ、尾鰭の後方の水の流れを可視化した。その結果、軍配が上がったのは、意外にも古典的な説であった。サメは

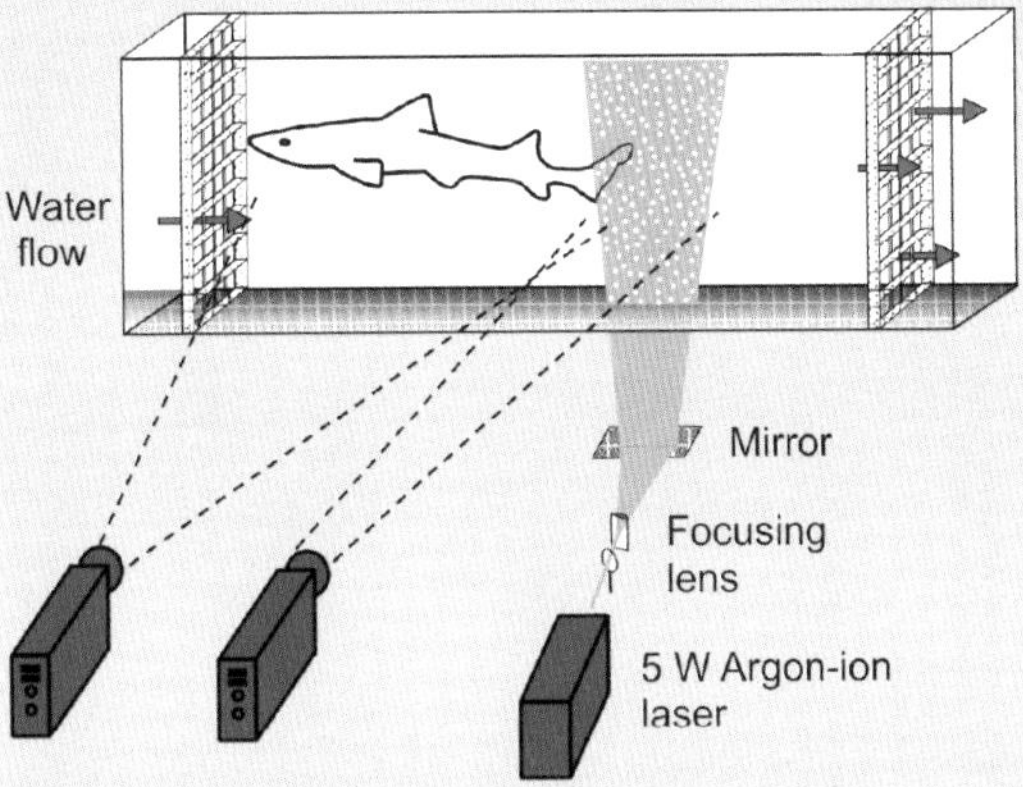

ラウダー博士らの行った実験。微粒子の舞う水の中でサメを泳がせ、尾鰭の後ろの水の流れをレーザーで可視化した。Wilga and Lauder (2004) より改変。

水を後方斜め下に押し出している。そして、尾鰭が持ち上がってしまわないように上手にバランスをとりながら泳いでいるというのだ。

この成果は、サメの尾鰭にまつわる疑問の一端を解明したものと言えるかもしれない。だが、なぜ多くのサメが「不便そうな」尾鰭を採用しているのかという点については、未だ明確な答えが得られていない。近年では、恐竜時代の巨大海棲トカゲであるモササウルス類が、サメに似た異尾を持っていることが分かり、大きな話題となった。この尾鰭のデザインには、私たちのまだ知らない秘密が隠されているに違いない。

見えないサメを見る新技術 冨

「サメを伴った嵐が北上しています」とニュースキャスターが報じる。竜巻に巻き上げられた大量のサメが宙を舞い、ニューヨークの街を襲う――。米国のテレビ映画『シャークネード』である。シャークとトルネードを組み合わせたタイトルを持つこの映画は、身震いするほどチープなCG映像で構成された、SFホラーアクション（？）である。この作品は米国で絶大な人気を誇り、毎年夏になると、新聞に「今年のシャークネードは」とデカデカと告知される。気づけば6作も製作されてしまった。サメの竜巻とはよく思いついたものだが、サメに都会人を襲わせようと思ったら、このくらい強引な設定が必要なのかもしれない。

一方、研究者にとって、サメがわざわざ会いにきてくれるというのは夢のまた夢。こちらが海上に赴いても、そう簡単に会えるものではない。サメが住むのは地球表面の7割をしめる広大な海。100mも潜れば、可視光はほとんど届かない。水中は電波も通らない。これらの悪条件に、サメの行動生態学者は、長らく手を拱《こまね》いてきた。

中村乙水博士の記録計を取り付けたジンベエザメ。背鰭の根本には衛星タグも取り付けてある。一緒に写っているのは、松本瑠偉博士。写真提供：（一財）沖縄美ら島財団

そんな状況を打開したのが、動物の体に記録計を取り付け、遠隔で行動調査を行う手法――バイオロギングである。このような研究は、1960年代から進められていたが、科学技術の進展とともに1990年代から急速に広まった。皆さんの中には、サメに発信機（衛星タグ）を取り付け、回遊経路を解明する試みについて聞いた方もいるだろう。例えば、グレゴリー・スコーマル（Gregory Skomal）博士らによる2009年の論文によれば、北米ケープコッド沖で発信機が装着されたウバザメが、約10か月後にブラジル沖まで南下した例があるという。直線距離にして約6500㎞。5年あれば、地球を一周できる計算だ。ウバザメの遊泳力もさることながら、こんなデータ

を取得できる技術も驚異的と言えるだろう。

　現在では、搭載できるセンサーの種類も増え、目的に応じて様々なものが使われるようになった。装置の詳細については他書に譲るとして、ここでは、この手法によって得られた新発見を二つ紹介しよう。

　最初に紹介するのは、長崎大学の中村乙水博士らが2014年に発表した研究である。彼らは2種の深海ザメ（カグラザメとキクザメ）に記録計を取り付け、数日間その行動を追跡した。この記録計の特別な点は、サメが尾鰭を振る速さを記録できることである。得られたデータを見て、彼はあることに気がついた。サメは、ある水深帯を浮上と潜水を繰り返しながら遊泳していたのだが、サメが浮上する時と、潜水する時とで尾鰭を振る速さが異なっていたのだ。潜水する時の方が、浮上する時より尾鰭を速く振っていた。尾鰭を振る速さは、遊泳の「頑張り度」の指標と捉えることができるから、このサメは潜水する時に（浮上する時よりも）多くのエネルギーを費やしていると考えられる。浮上するのは楽だが、潜るのは大変だということだ。

　これは奇妙だ、と博士は考えた。定説に反しているように思われたのである。一般に、サメの体は水より重いとされている。これが正しいとすると、潜る時は重力に従えば良いから、エネルギーはそれほど使わなくて済むはずだ。逆に、浮上する時は、重力に逆らって泳ぐ必要があるから、より多くのエネルギーを費やさねばならないだろう。しかし、この予想は、「潜水時に（浮上時より）多くのエネルギーを使う」という今回の調査結果とは相容れない。

一体どういうことだろう？　博士の仮説はこうだ。本当は、深海ザメの体は水より軽いのではないか？　そうであれば、彼らは浮力に逆らって潜らねばならないから、潜水が浮上より大変だというのも納得できる。「水より軽いサメがいる」とはかなり刺激的な仮説だが、新たな手法で定説に異を唱えた意欲作と言えるだろう。

もう一つ紹介したいのは、国立極地研究所の渡辺佑基博士らが２０１６年に発表した研究である。彼らは、ヒラシュモクザメに記録計を取り付け、その行動を調査した。この記録計には体の傾きを測るセンサーが搭載されていた。調査後に記録計から回収したデータを見て、彼らは驚いたに違いない。なんと、このサメは、調査時間の大半で体を60度ほど傾けて泳いでいたのだ。しかも、5～10分ごとに、その傾ける方向を左右で入れ替えていた。ヒトで例えるなら、頭を左右交互に傾けながら歩いているようなものだ。大変奇妙な行動と言わざるを得ない。

その理由を知るために、彼らは興味深い実験を行なった。ミニチュアのヒラシュモクザメの模型を作り、風洞実験を行なったのだ。風洞実験とは、物体に風を当てて流体力学的な特性を調べるもので、例えば飛行機の翼の性能評価などで用いられる。この実験で明らかになったのは、このサメの遊泳効率は体を傾けている方が高くなるということだ。つまり、傾いて泳ぐことで楽をしているらしい。確かに、沖縄美ら海水族館で泳いでいるシュモクザメも体を傾けていることが多い。その行動にいち早く目をつけ、その理由を鮮やかに説明してみせた博士らの手腕には、まさに脱帽といったところだ。

これら二つの研究には、ある共通点がある。記録計をサメに装着した時点では、これから何が明らかになるのか、研究者当人らも分かっていなかったはずなのである。回収されたデータを見て初めて、思いもよらぬ現象が彼らの前に立ち現れるのだ。

見えないものを見る新技術。それは、これまで考えも及ばなかったサメの新たな一面を、私たちに見せてくれるに違いない。

暗闇で発光するサメ？ 佐

生物が光る現象は、動物の中でも多様な系統群に見られるもので、決して珍しいものではない。特に、深海に生きる動物は、魚類だけでなく多くの無脊椎動物も発光するため、暗黒の深海は思いのほかキラキラした賑やかな世界なのかもしれない。生物発光と言っても光り方は様々で、蛍光により光るものと、発光物質により光を発するもの、両者が存在する。ちなみに、サメには両方の発光が知られており、蛍光発光は比較的浅い海のサメで、発光物質によるものは深海のサメで多く確認されている。ここでは、特に後者の発光物質に着目した話題を提供したいと考えている。

私が初めてサメの発光現象を映像で見たのは、2009年にオーストラリアの南西部にあるフリーマントルで行われた国際会議の会場でのことだった。そこで、オランダ・ライデン博物館の研究者が、アカリコビトザメ属＊（*Euprotomicroides*）という深海ザメの1未記載種（新種）が、肛門近くの袋状の器官から青白く光る発光液を出している映像を紹介してくれた。私は、すでに深海ザメの一部が発光器を持っていることを知っていたのだが、実際の発光現象は見たことが無く、ましてや青白い光液体がドロドロと流れているものなど、見たことが無かったので大変驚いたことを覚えている。おそらく、このサメは捕食者に襲われるとこの発光液を噴出し、残像を残して逃げるのではないだろうか?と考えているが、誰にもそれを証明する術がない。当時、私は水族館で深海生物の収集や展示も担当していたので、どうしても光るサメの発光現象を深海で見て、発光の役割を解明したいと思い描いていた。

先述のアカリコビトザメ属は、世界でも数個体しか記録がないサメで、おそらく野外または飼育下で実際に発光を観察することは難しいだろう。一方、沖縄近海をはじめ、日本近海にも、発光するサメは広く分布している。とくに、通称「フジクジラ」と呼ばれているカラスザメ属のサメは、沖縄周辺の深海でも普通に採集することができる。だが、その発光は生きた状態でのみ観察できる上、非常に弱い光であるため、普通のカメラで撮影することは難しい。いつかこの発光を映像でとらえてみたい……そのチャンスが訪れたのは、2010年の冬のことであった。海洋生物の発光のメカニズムを研究している、ベルギー・ルーバンカトリック大学のジェロム・マレフェッ

＊＝和名は『Sharks サメ――海の王者たち――』(仲谷一宏)より参照。

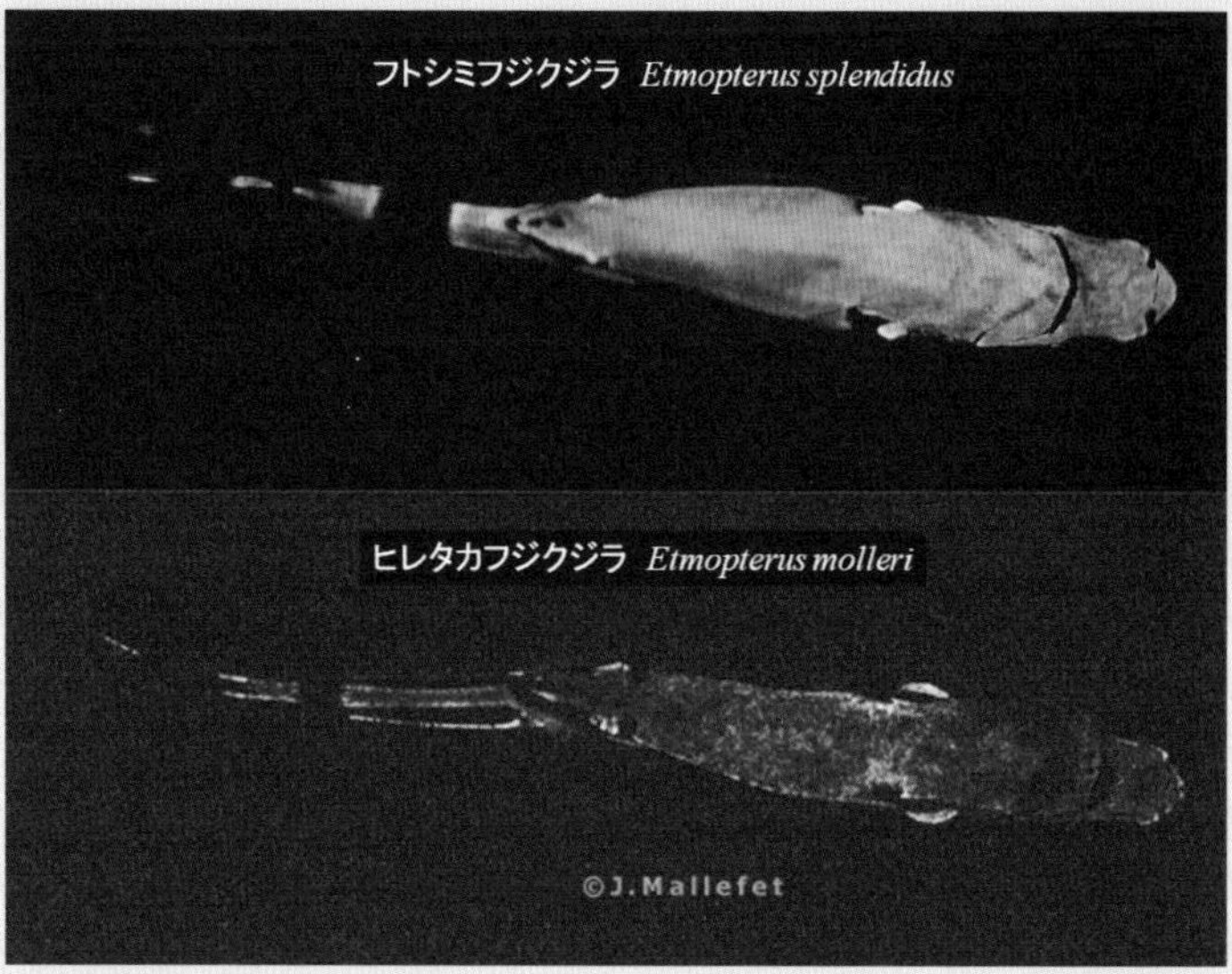

水族館実験室で撮影したフトシミフジクジラ（上）とヒレタカフジクジラ（下）の発光の様子（腹面）。撮影：Jérôme Mallefet氏　写真提供：（一財）沖縄美ら島財団

ト（Jérôme Mallefet）博士と大学院生（当時）のジュリアン・クラース（Julien Claes）博士が、私たちと共同で飼育下におけるカラスザメ属の発光現象を研究することを持ち掛けてくれた。私たちは、沖縄本島の西側、残《ざん》波《ぱ》岬《みさき》沖水深500mの海域に仕掛けを入れ、ヒレタカフジクジラ、フトシミフジクジラの2種を水族館の飼育施設に持ち帰り、暗黒の実験室で発光現象の撮影と、ホルモンに対する発光の応答を実験することに成功したのだ。その時に撮影された写真を見ていただきたい。この2種の発光を見ると、それぞれ異なった種特有のパターンで発光しているこ

とが分かる。これは、同所的に生息している複数種間において同種間の認識に利用できると考えられる。また、発光器は主に腹側に集中していることから、カウンターシェーディングと呼ばれる、深海にわずかに届く太陽光への同化戦術に利用されていることも分かる。更なる面白い発見として、オスとメスで生殖器周辺の発光パターンが異なること、交尾の際にオスが噛みつく胸鰭の外縁がとくに強く発光すること、捕食者に対抗する武器となる背鰭棘の基部に発光器が集中しており、発光器表面にあるレンズによって集光して棘を明るく照らす仕組みになっていることなど、様々な新知見を得ることができた。これらの結果を総合すると、単にサメの発光は複数の生態的な役割を果たしており、単にカモフラージュするだけではないと考えるのが妥当であろう。

次に私たちが挑戦したのは、フジクジラの発光を実際に深海で捉え、実験室での発光との違いを検証することであった。そこで、現存するもっとも高感度な民生品の多機能カメラを購入し特注の耐水圧ハウジングに搭載、

フジクジラ撮影に用いた深海ベイトカメラ装置。写真提供：（一財）沖縄美ら島財団

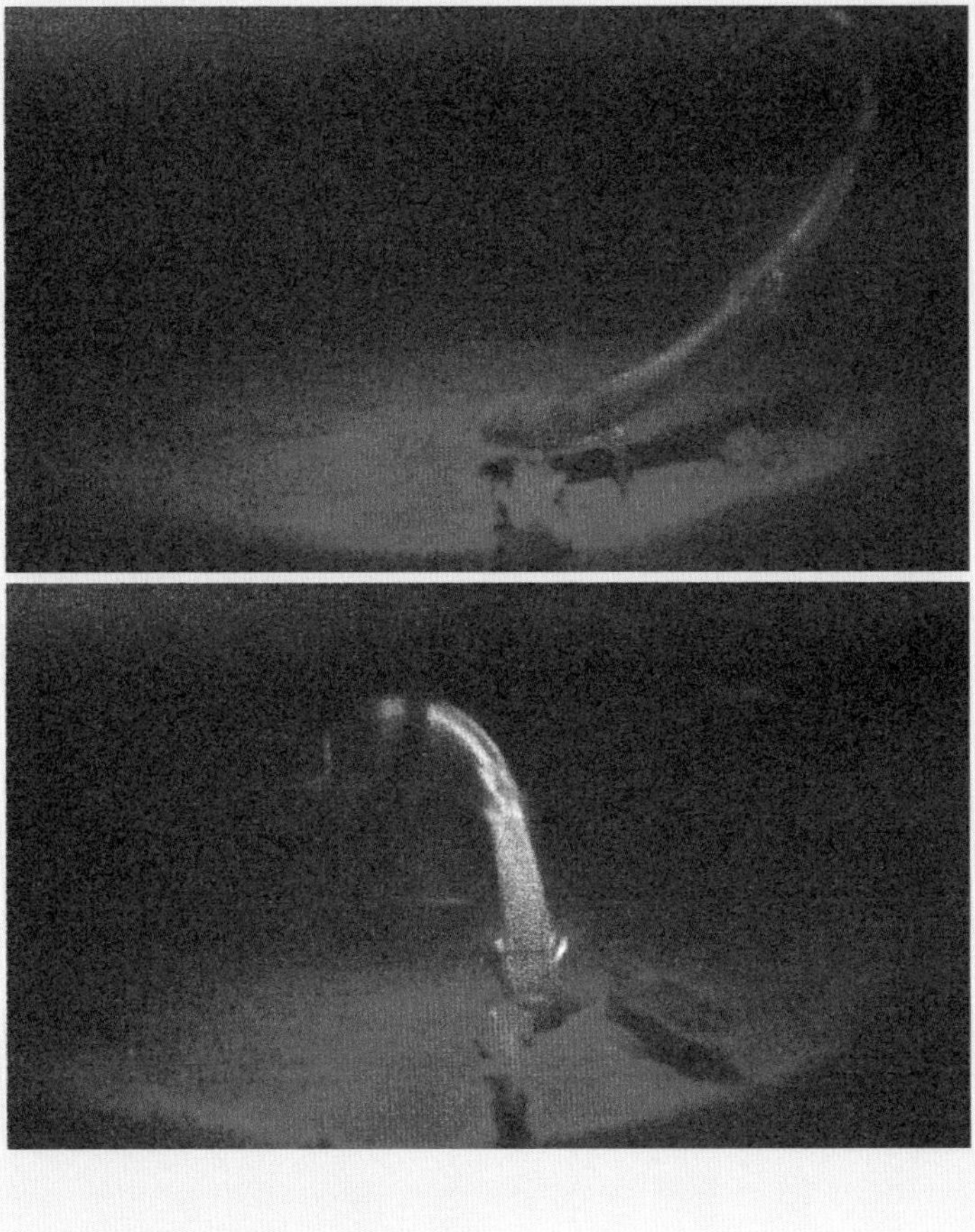

沖縄本島西側の東シナ海、水深500m付近の深海底で撮影に成功したフジクジラの発光の様子（上／体側面側を撮影、下／腹側を撮影したもの）。中央手前にあるのが餌となるサバ。ベイトカメラが着底後1分程度でフジクジラが出現する。写真提供：海洋博公園・沖縄美ら海水族館

それをベイトカメラ（エサで誘引して撮影する撮影装置）に仕立て、深海５００ｍに沈めたのだ。この作戦を実行したのは、沖縄美ら海水族館の金子篤史氏が率いる深海チームで、見事に世界で初めてとなる海底でのフジクジラの発光を動画で捉えることに成功した。その様子は、沖縄美ら海水族館の館内や、水族館のYouTubeチャンネル（光る深海ザメ『ヒレタカフジクジラ』の秘密に迫る）でも視聴することができるので、是非ご覧いただきたい。

このように、ようやく深海ザメの発光に関する知見が明らかとなってきたが、知れば知るほど謎が深まるばかりなのだ。特に、フジクジラの発光現象は、他の魚類に見られる発光バクテリアの共生による発光ではなく、自ら発光物質（ルシフェリン・ルシフェラーゼ）を保持して光るタイプであるため、発光物質がどこで合成されたのか、あるいはどうやって発光器官に取り込まれるのか、今後解明すべき課題となる。また、フジクジラ自身がその発光を視覚的にどのようにとらえて利用しているのか、フジクジラや、フジクジラと同所的に生息する生物の眼の仕組みも調査する必要があるだろう。今後は、分子生物学的な手法も駆使してこの問題に迫ってみたいところだ。

遺伝子に刻まれたジンベエザメの謎　佐

ジンベエザメは現在、世界の水族館で飼育可能な最大の動物だ。この巨大なサメを最初に飼育しようと試みた記録は、沖縄美ら海水族館ではなく、なんと戦前の日本にあった。世界で初めての飼育記録は、１９３４年静岡県の中之島水族館（現・伊豆三津シーパラダイス）において、海を囲って造られたイケスのような場所で４か月間飼育された一個体である。４か月の間、どのような飼育がおこなわれたのか詳細は不明であるが、その後１９３８年にはミンククジラを飼育したというのだから、そのパイオニア精神には脱帽だ。実は、当時その水族館を経営していたのが、沖縄美ら海水族館の初代館長の内田詮三博士の叔父であった。当時アルバイトとして働いていた内田博士の従兄弟の証言によると、「ミンククジラにバケツで小魚を大口に流し込んでいた」とのことだ。それならば、ジンベエザメも同様にエサを与えられていた可能性もあると考えてもよいだろう。いずれにせよ、当時の飼育担当者はさぞかし頭を悩ませていたはずだ。時代は下って１９８０年、沖縄美ら海水族館の前身である国営沖縄記念公

内田詮三博士（写真左）と米国モスランディング海洋研究所のグレゴア・カイエ博士（写真右、米国カリフォルニア州モスランディング海洋研究所にて著者撮影）。カイエ博士はサメ類の年齢査定や生態研究で大きな功績を残した第一人者である。

園水族館の館長（当時）となった内田博士は、世界で初めて長期間の飼育に成功した。沖縄での成功事例が火付け役となり、ジンベエザメの飼育方法が世界的に普及し、現在では大阪の海遊館をはじめとして、アメリカのジョージア水族館、近年オープンした世界最大の水槽を有する中国の長隆海洋公園など国内外の水族館でも飼育されている。その大きさゆえ、展示動物として人気が高く、集客の目玉的要素として導入される事例も多いのだが、その一方で本種は世界的に保護の対象と位置づけられており、一部の動物管理が行き届かない飼育展示は世論の反発も招いている。

私たちは、サメの科学的理解を追求する立場から、動物を飼育してデータを得ることは不可欠だと考えている。野生のジンベエザメを一生観察し続けることは不可能で、どれだけ衛星タグや遺伝子情報の解明が進んだとしても、分からないことの方が断然多いだろう。一方、動物を適切に飼育できない環境下では、長期飼育観察はおろか動物本来の行動を観察することはできないし、科学的に正確なデータも得られない。それに加えて、命の大切さを伝えるべき者として、社会からの支持を得ることもできないだろう。だから、我々は水族館の職員として、また研究者として、動物を適切に飼育しながら生物学的なデータを得て、それを世界中の研究者や来館者と共有することが重要だと考えている。そして、それはすべての水族館が果たすべき義務だと考えている。我々が行う研究活動の中で、近年利用価値の高まっている研究ツールの一つに、非侵襲的な（動物の体にストレスや傷を与えない）超音波画像解析や水中での採血法、急速に普及が進んでいる環境DNAの分析などがある。超音波や環境DNAについては、別のトピックでも述べているので、ここでは血液を利用したジンベエザメの研究を紹介したい。

サメ（魚類）の採血法は、一般に研究機関では尾鰭《おびれ》下葉《かよう》（腹側）の基部から背中側に向かって針を刺し、脊椎骨の下に伸びる尾《び》静脈《じょうみゃく》から採血することが多い。これは比較的確実に、十分な血液量を採取することができるのだが、この手技で採血を試みる場合は、サメを上手に保定するか、麻酔をかけて行う必要がある。しかしながら、この方法でジンベエザメなどの大型魚から採血することはさすがにできないので、別の方法で行うことにしている。沖縄美ら海水族館には、獣医や動物の看護師など、治療や健康管理を専門とする部門があり、ほとんどのサメ類から採血を行うことができる。

上／巨大な野生のジンベエザメから採血をする村雲清美氏。ガラパゴスでは潮流が激しいため、1〜2分以内での作業が求められる。撮影: Jonathan R. Green氏
下／水中用エコー撮影装置でジンベエザメの妊娠診断をする松本瑠偉博士。この調査では、世界で初めて超音波によりジンベエザメの卵胞の観察に成功した。撮影：Simon J. Pierce氏

その中でも、特に高い技術を誇る村雲清美氏は、看護師（人間の）から転身した飼育係で、今や世界各地での野生個体の調査に引っ張りだこだ。というのも、野生下のジンベエザメからの採血は、ごく限られた時間内に速やかに血管を探し、採血を完了しなければならないのだ。沖縄美ら海水族館で魚類の飼育課長を務める松本瑠偉博士と村雲氏は、アメリカのジョージア水族館の研究所長であるアラスター・ダヴ（Alistair Dove）博士、エクアドルのサンフランシスコ・キト大学やチャールズダーウィン財団の研究者らとともに、毎年ガラパゴス諸島へ調査に赴いており、世界で初めて野生のジンベエザメから血液を採取することにも成功した。私が知る限り、こんな芸当が可能なのは、世界広しといえども他に誰もいない。

サメから定期的に血液が採取できることにより、水族館における科学研究は飛躍的に進歩することになった。沖縄美ら海水族館のジンベエザメは、毎月定期的に採血をしており、血液の各パラメーターや性ステロイドホルモンの濃度などが記録されている。２０１９年には、先述の松本博士が20年間にわたるジンベエザメの「ジンタ」（オス）のモニタリング結果を公表し、ジンタが飼育17年目の２０１２年に、全長８.５mで性成熟したことを明らかにした。この記録は世界で初めてジンベエザメの性成熟過程を記録したものであり、野生下では決して得られない成果である。その後もモニタリングは続いており、現在は繁殖行動とホルモンとの関係や、血中に含まれる遺伝子マーカーに関する最新の調査が行われている。

科学の進歩は目覚ましく、動物はその遺伝子を調べれば何でも分かりそうな印象を持つ方も多いかもしれない。確かに、人間は遺伝子の研究が進み、医学的にも重要なツールとなっているのだが、ジンベエザメをはじめ多くのサメ類では、ゲノムの全体像すら明らかになっていなかった。その理由として、もともとサメのゲノムサイズ（DNAの総量）が大きいことや、そもそも実験材料として用いられる機会が少ないことなど、研究の発展にネガティブな要素が多かったのだ。そんな中、アメリカのジョージア水族館とエモリー大学などのグループは、2015年に不完全ながらも全ゲノム解読のデータを公表した。その後、研究に利用可能な精度の高い全ゲノムの配列情報を発表したのが、理化学研究所の工樂樹洋博士らのグループである。

工樂博士らのグループは、ジンベエザメなどサメ類の全ゲノムDNA配列を高精度で解析したほか、遺伝子の働きを調べるため血液などからRNAを採取し解析することにより、脊椎動物の形態、生理、感覚器官の機能を司る遺伝子がヒトなどの哺乳類と多分に共通していることを発見した。たとえば、視覚をつかさどるオプシン（光受容タンパク）遺伝子を調べた結果、同じテンジクザメ目のイヌザメとジンベエザメは、ご購入ありがとうございました。ぜひご意見をお聞かせください。

■ お買い上げいただいた本のタイトル

ご購入日：　　　　年　　月　　日　　書店名：

■ 本書をどうやってお知りになりましたか？

□ 書店で実物を見て
□ 新聞・雑誌・ウェブサイト（媒体名　　　　　　　　　　）
□ テレビ・ラジオ（番組名　　　　　　　　　　）
□ その他（　　　　　　　　　　）

■ お買い求めの動機を教えてください（複数回答可）

□ タイトル　□ 著者　□ 帯　□ 装丁　□ テーマ　□ 内容　□ 広告・書評
□ その他（　　　　　　　　　　）

■ 本書へのご意見・ご感想をお聞かせください

■ よくご覧になる新聞、雑誌、ウェブサイト、テレビ、
よくお聞きになるラジオなどを教えてください

■ ご興味をお持ちのテーマや人物などを教えてください

ご記入ありがとうございました。

POST CARD

料金受取人払郵便

小石川局承認

7741

差出有効期間
2025 年
6 月 30 日まで
(切手不要)

1 1 2 - 8 7 9 0

1 2 7

東京都文京区千石 4-39-17

株式会社　産業編集センター

出版部　行

★この度はご購読をありがとうございました。
お預かりした個人情報は、今後の本作りの参考にさせていただきます。
お客様の個人情報は法律で定められている場合を除き、ご本人の同意を得ず第三者に提供することはありません。また、個人情報管理の業務委託はいたしません。詳細につきましては、「個人情報問合せ窓口」(TEL：03-5395-5311〈平日 10:00 ～ 17:00〉) にお問い合わせいただくか「個人情報の取り扱いについて」(http://www.shc.co.jp/company/privacy/) をご確認ください。

※上記ご確認いただき、ご承諾いただける方は下記にご記入の上、ご送付ください。

株式会社 産業編集センター　個人情報保護管理者

氏名《ふりがな》

(男・女／　　　歳)

ご住所　〒

TEL：

E-mail：

新刊情報を DM・メールなどでご案内してもよろしいですか？	□可　□不可
ご感想を広告などに使用してもよろしいですか？	□実名で可　□匿名で可　□不可

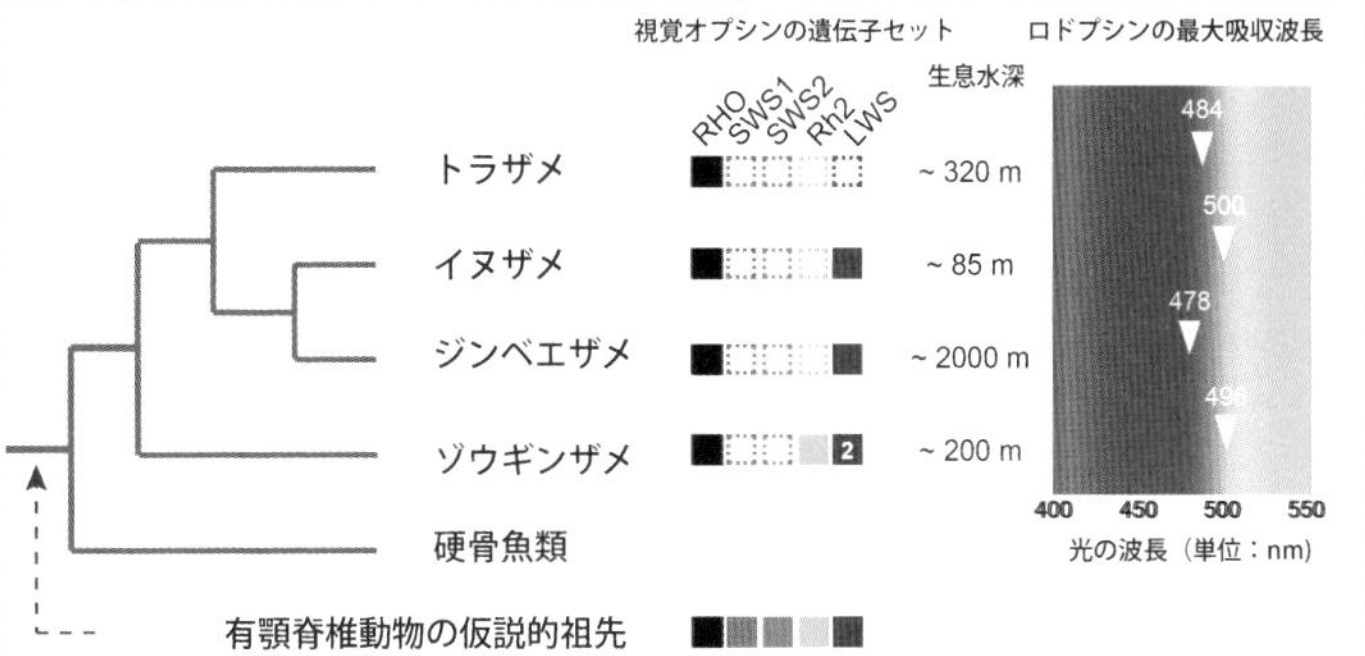

軟骨魚類4種におけるオプシン遺伝子の分布（Hara et al., 2018より改変し転載）。四角は5つのオプシン遺伝子を表し、点線はその遺伝子が見いだせないことを示す。サメ3種のロドプシンの最大吸収波長はHara et al.（2018）による分光測定の結果に基づく。図上の色は分かりやすいよう便宜上着色したもの。
RHO:ロドプシン（明暗視）、SWS: 長波長吸収タイプ（1: 青-紫外線、2: 青色光）、Rh2: 第2ロドプシン（緑色光）、LWS: 長波長吸収タイプのオプシン

明暗視をつかさどるタイプのオプシンであるロドプシン（ＲＨＯ）遺伝子のほか、長波長（赤色）吸収タイプ（ＬＷＳタイプ）のオプシンを作る遺伝子をもつことを明らかにした。一方、トラザメのゲノム配列中には、ロドプシン以外の視覚オプシン遺伝子が見当たらないため、色覚を持たない可能性が示唆された。その理由として、トラザメの祖先種が深海に由来し、祖先が波長の長い赤色光が届かない暗い環境に適応していたため、ＬＷＳタイプのオプシンを失った可能性があると考えている。また、大阪市立大学の寺北明久博士と、小柳光正博士は得られた遺伝子の配列を基にして人工的にロドプシンタンパク質を合成し、吸収波長を調べたところ、通常ロドプシンが

500nmの光を最も効率よく吸収するのに対し、ジンベエザメのロドプシンは深海にも届きやすい短い波長（約480nm）の光を最も吸収することを発見した。この結果は、明るい表層と深海の両方で視覚を利用できることを意味するから、ジンベエザメが深海2000m付近まで潜水するという行動に符合するものだ。このように、ゲノム解析で得られるDNA配列情報と分子生物学実験を組み合わせることにより、行動の追跡が困難な研究課題に応用できる可能性が出てきたのである。

飼育下で得られるデータやサンプル、生態情報は、動物科学の領域に無限の可能性を与えると言っても過言ではない。我々の当面の目標は、飼育下でジンベエザメの繁殖の謎を解き明かすことであり、今もその目標に向かって新たな発見を追い求め、日夜多くの研究者とともに努力を続けている。美ら海のジンベエザメが交尾を成功させ、出産を迎えるXデーはいつになるのか？　もしその時が来たら可能な限り悔いのない科学研究ができるよう、世界中の研究者と連携し、万全の体制を構築したいと考えている。

ミクロな鱗《うろこ》の大発見（と、ちょっとした新発見）冨

鳥の飛ぶ仕組みを20年以上にわたって研究した末に執筆された『鳥の飛翔』。この本の著者は、世界初の有人動力飛行を成し遂げたライト兄弟に、多大な影響を与えた人物として知られるオットー・リリエンタールだ。彼の作ったグライダーには、鳥の翼のデザインが色濃く反映されている。生物を真似すること――生物模倣――は、テクノロジーの発展に決定的な役割を果たしてきた。本稿では、そんな歴史に燦然と輝く、サメの鱗の研究を紹介しよう。

そもそも、サメに鱗があるのか？と思う方もいるだろう。水族館で泳いでいるサメの肌に、鱗のようなものは見えない。それもそのはずで、一般にサメの鱗は非常に小さく、1㎜にも満たないのだ。この小さい鱗（楯鱗《じゅんりん》という）が、体の表面をびっしりと覆っている。皮膚の表面をしっかり守りつつ、体の動きは妨げない。その仕組みは見事というほかない。

20世紀の終わり、この鱗に意外な役割が発見された。注目されたのは表面のミクロ

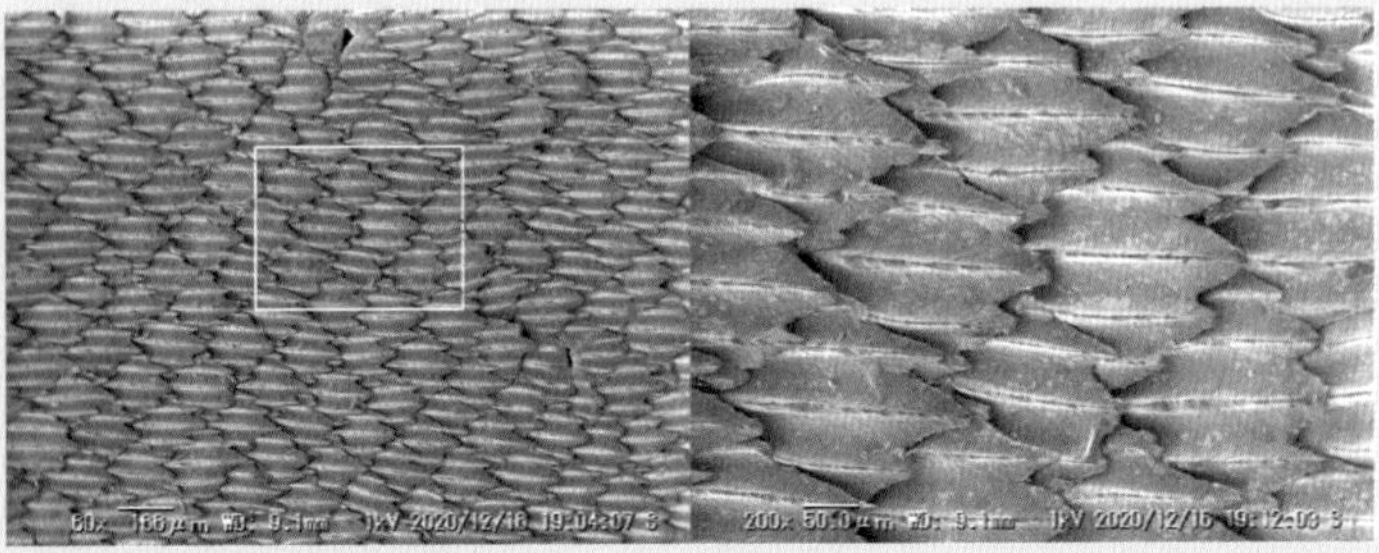

アオザメの鱗の電子顕微鏡写真（左）と、白枠部分を拡大したもの（右）。遊泳性のサメの鱗の表面には平行な溝が走っている。写真提供：（一財）沖縄美ら島財団

の構造である。顕微鏡を覗いてみよう。鱗の表面に数本の溝が並んでいるのが見えるはずだ。この溝は、遊泳性の強いサメの鱗にしか見られないことから、遊泳時の水の抵抗を減らす効果があると予想されてきた。つまり、サメは鱗の溝のおかげで、楽に泳げるというのだ。この予想は見事に的中し、1980年代の数々の実験により、抵抗低減の効果が実証された。後に「リブレット効果」と名付けられたこの現象は、低燃費の船や飛行機を可能にする技術として、現在でも研究が進められている。布の表面に平行な溝を施した、サメ肌水着でこの現象のことを知っている方もいるだろう。

リブレット効果の研究において、サメの鱗が重要な役割を果たしたことは間違いない。しかし、公平を期すために述べておくと、リブレット効果の最初の発見はサメと無関係であった可能性がある。アメリカ航空宇宙局（NASA）の研究者であるマイケル・ウォルシュ（Michael Walsh）博士

らが、平行に並んだ溝が表面抵抗を低減することを、1978年に報告している。これがおそらく最初にリブレット効果を確かめた実験だと思われるが、彼らが当時サメの鱗のことを知っていたかは定かでない。

いずれにせよ、これら一連の輝かしい成果により、鱗のリブレット効果は生物模倣のお手本として不動の地位を築き上げた。ところが、抵抗低減をもってサメの鱗の機能のすべてが説明できるのかといえば、全くそうではない。サメの鱗の形態は極めて多様だ。例えば、菱餅（トラフザメ）、棘（フジクジラ）、十字架（ネコザメ）のような形まである。抵抗低減のための鱗とは、これらのバリエーションのたった一つに過ぎないのだ。

そんなサメの鱗の多様性の一例として、我々が発見した不思議な鱗を紹介したい。

ことの始まりは2019年、我々が水族館の標本庫の整理をしていた時のことである。標本棚から、同僚の宮本圭氏が面白いものを見つけた。それは研究用に保管していたジンベエザメの眼球の液浸標本であった。彼は、この眼球の白目部分が鱗のようなもので覆われていることに気がついた。眼球に鱗？　そんな例は聞いたことがない。目に鱗がある動物といえばヘビが有名だが、これはコンタクトレンズのように目の表面に透明な鱗がかぶさっているのであって、目から鱗が生えているわけではない。

我々は、新発見の予感にウキウキしながら、この標本を沖縄科学技術大学院大学の

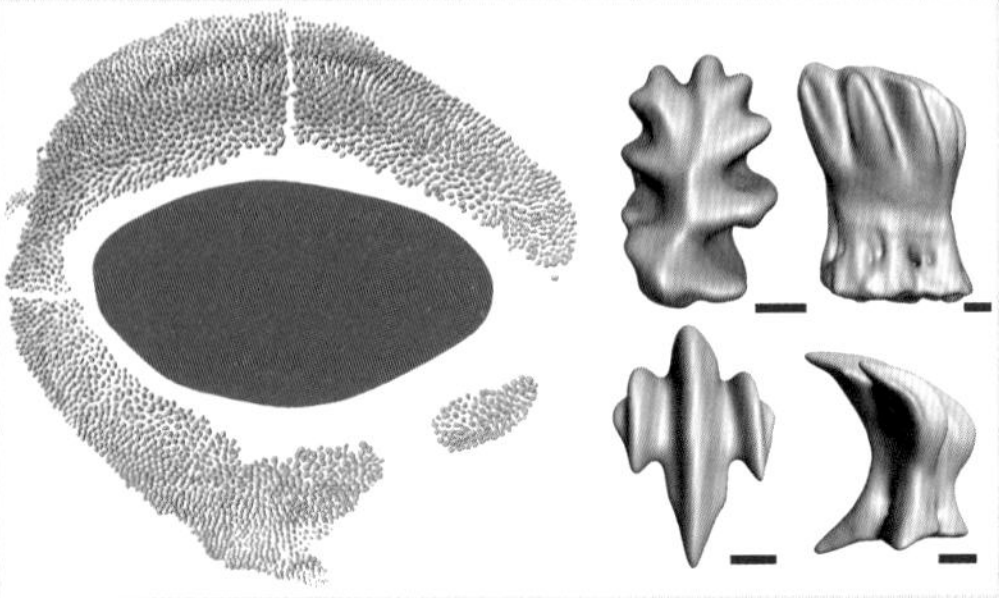

ジンベエザメの眼の鱗のCT画像。瞳の周囲を無数の鱗が取り巻いている(左)。一つの鱗を上と横から見たところ(右上)。上から見ると柏の葉のような形をしている。頭の他の部分を覆う鱗(右下)とは形が異なる。Tomita et al. (2020) より改変。

甲本真也博士のもとに持ち込んだ。この鱗の立体的な形を調べるために、CT撮影を行うためだ。撮影を終え、コンピューターの画面に映し出された鱗の3D画像を見て、我々は歓喜した。その形は、私が知っているサメの鱗ではなかった。上から見ると、まるで柏の葉のような形をしている。体表を覆うのは抵抗低減タイプの鱗だから、眼球だけ特殊な形の鱗で覆われているのだ。この鱗の本当の機能はよく分からない。ジンベエザメは瞼《まぶた》を持たない動物だから、この鱗によって目を守っていると私は予想している。

サメの鱗の研究から、リブレット効果に続く大発見はあるだろうか。テクノロジーへの貢献というのは、いつの時代も生物学に求められている役割の一つである。私はといえば、成果が人類の役に立つか否かはあまり気にしていない(むしろ、何の役にも立たない研究こそ格好いいと思っている)人間なのであるが、共同研究で「うっかり」人類の役に立ってしまうのは大歓迎だ。工学系の皆さん、ご検討あれ。

川に棲んでいるサメ？〜オオメジロザメ出没の謎　佐

　沖縄でサメに関わる仕事をしているせいか、毎年夏が近くなると必ず地元のマスコミから電話がかかってくる。その内容というのが、「那覇市内の川でサメが目撃されているのですが、危険なのでしょうか？」というものだ。その正体は全長で1mくらい、那覇市内を流れている河川、といっても三面コンクリート護岸の都市河川なのだが、市内の中心部やマングローブの広がる河川で目撃されたり、釣りで捕獲されたりする。そのサメの正体は……画像を見なくてもオオメジロザメの幼魚であることが分かっている。

　オオメジロザメは、世界のサメ被害件数第3位の種で、人間にとって危険性のあるサメであることに違いはない。だが、サメによる危険性は、その環境において人間との接点があるか否か、実際に被害を受ける状況が起こり得るのかによって異なる。マスコミが危険性を強調したい気持ちは分かるが、現実的に那覇市内でサメに襲われる確率はほぼゼロパーセントである。なぜなら、私は那覇市内の三面護岸の川で、ヒト

那覇市内の都市河川で調査のため釣り上げられたオオメジロザメの幼魚（全長約1m）。位置情報を知るための標識を装着した後に放流される。撮影：佐藤圭一

がレジャーを楽しんでいる姿を見たことが無い。サメの存在以前に、あんな汚れた川に入りたいと思う人はいないだろう。また、仮にそのサメが海に下って行ったとしても、1mのサメに人が襲われて致命傷を負うことは、あまり考えられないし、過去にも事例が無い。むしろ沖縄の海岸には、もっと危険性の高い生物がたくさん棲んでいるのだから、そちらに注意を向けるべきだろう。そんなことより、深層サメ学を標榜する本書の読者には、是非とも「このオオメジロザメはなぜ河川に入ってくるのか？」ということに興味を持っていただきたい。

サメ類の中で河川に侵入し、ある程度淡水域に適応できる種（広塩性種）は、オーストラリアや東南アジアに分布するグリフィス（*Glyphis*）属の数種とオオメジロザメの他にない。ちなみにエイの場合は、アトランティックスティングレイやノコギリエイ、アカエイなどがオオメジロザメ同様に広塩性である。アマゾンなどに見られ

西表島でのオオメジロザメ調査に向かう立原教授（写真右端）と兵藤教授（写真手前左）。調査は満潮時の夜間に行われるため、夜通しの作業となる。撮影：佐藤圭一

るポタモトリゴン（*Potamotrygon*）属は完全な淡水性種として知られ、海水には適応できなくなっている。東南アジアや南米では、昔からオオメジロザメが河川に侵入し、時に人を襲うことが広く知られており、アマゾン川やミシシッピ川などの大河川では河口から数百km上流にも遡っているという報告がある。ところが、オオメジロザメが広い海からわざわざ川へ侵入する理由は、未だに明確なことが分かっていない。サメ研究者として、謎を謎として終わらせるわけにもいかないので、私は二人の研究者に協力を呼びかけて、数年前から共同で研究をすすめている。その一人は、東京大学大気海洋研究所の兵藤晋教授である。もともと動物の生理学を専門として、魚類の浸透圧調節機構の研究分野では著名な研究者で、「なぜオオメジロザメが川に侵入可能なのか？」という課題について生理学的側面から研究している。もう一人は、琉球大学の立原一憲教授で、マングローブ域などの

汽水域や河川域に見られる魚類の生態学に精通している立場から「なぜオオメジロザメが川を利用しているのか?」という側面でオオメジロザメの食性や生態を分析することになった。舞台は沖縄県で最長の河川である西表島《いりおもてじま》の浦内川《うらうちがわ》、昔からオオメジロザメが目撃されていることで有名で、自然の河川が残されている貴重な環境だ。

この研究は現在進行中で、まだ明確に申し上げることができないことも多いのだが、いくつかの謎については明らかになりつつある。まず、オオメジロザメは浦内川のかなり上流まで遡っているが、生息が確認できた地点では海水と淡水が層になっており(塩水楔《えんすいくさび》)、純淡水域とは言えない環境となっていた。つまり、川とはいえ海水がかなり上流まで侵入しており、オオメジロザメは自分が好む海水濃度の水域を利用することが可能なのである。調査に先立ち、沖縄美ら海水族館と兵藤博士らが行った淡水適応実験による腎臓の機能分析によると、オオメジロザメは他のサメ類と比較して淡水適応能力が優れている。特に、低塩分の飼育水中で実験した個体の腎臓に発現している遺伝子を調べた結果、サメの体液を主に構成する塩化ナトリウムNaClや尿素などの再吸収に関わる重要な膜輸送タンパク質(NCC:NaCl共輸送体)の遺伝子が多く発現していることが分かった。NCCは淡水環境でのみ腎臓の一部である遠位尿細管後部と呼ばれる部位に発現し、イオンの乏しい淡水環境で体内のイオンを失わないように

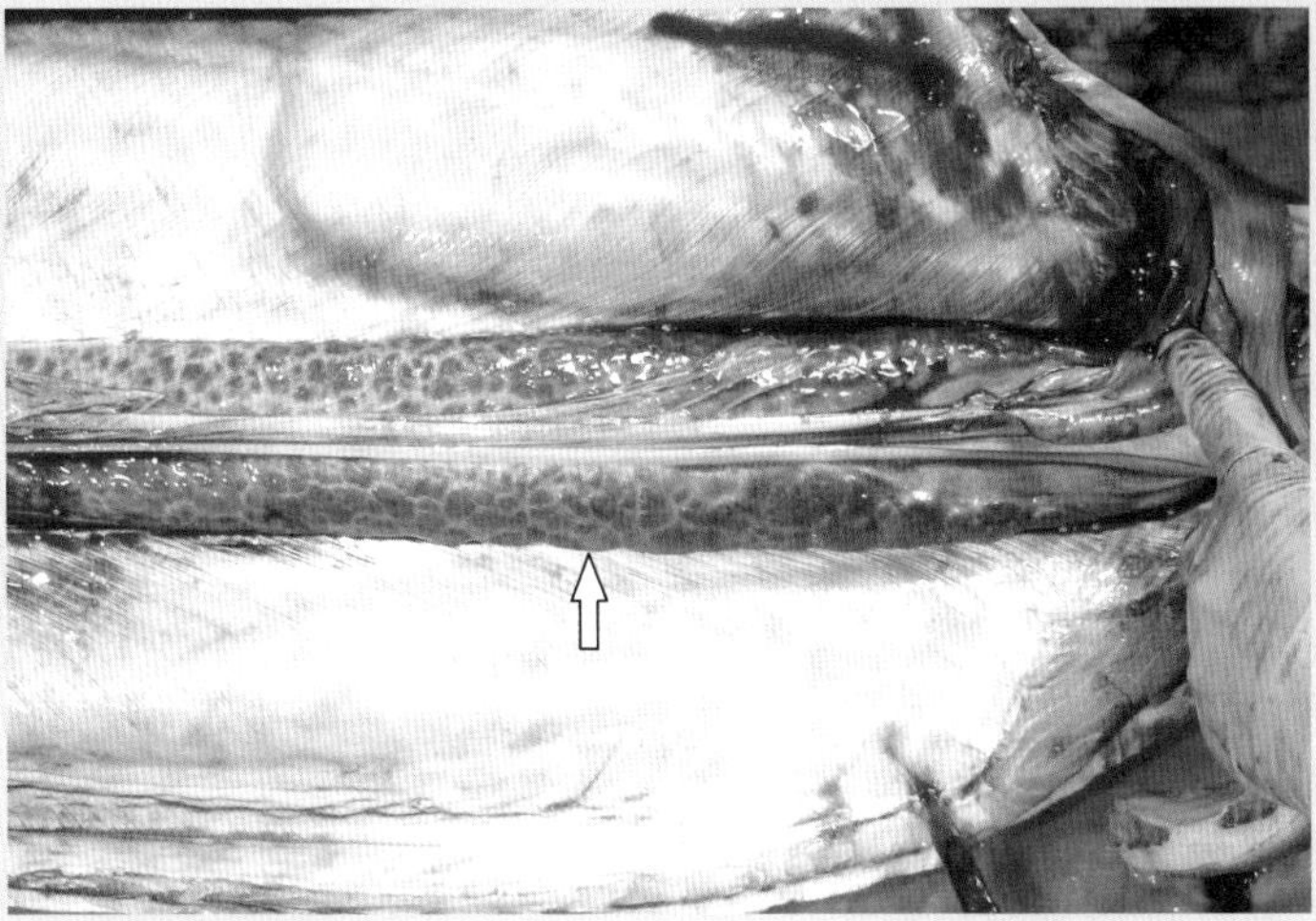

イタチザメの腎臓（矢印）。
サメの腎臓は、腹腔の背側（脊椎骨に張り付くよう）に対になって前後に伸びている。

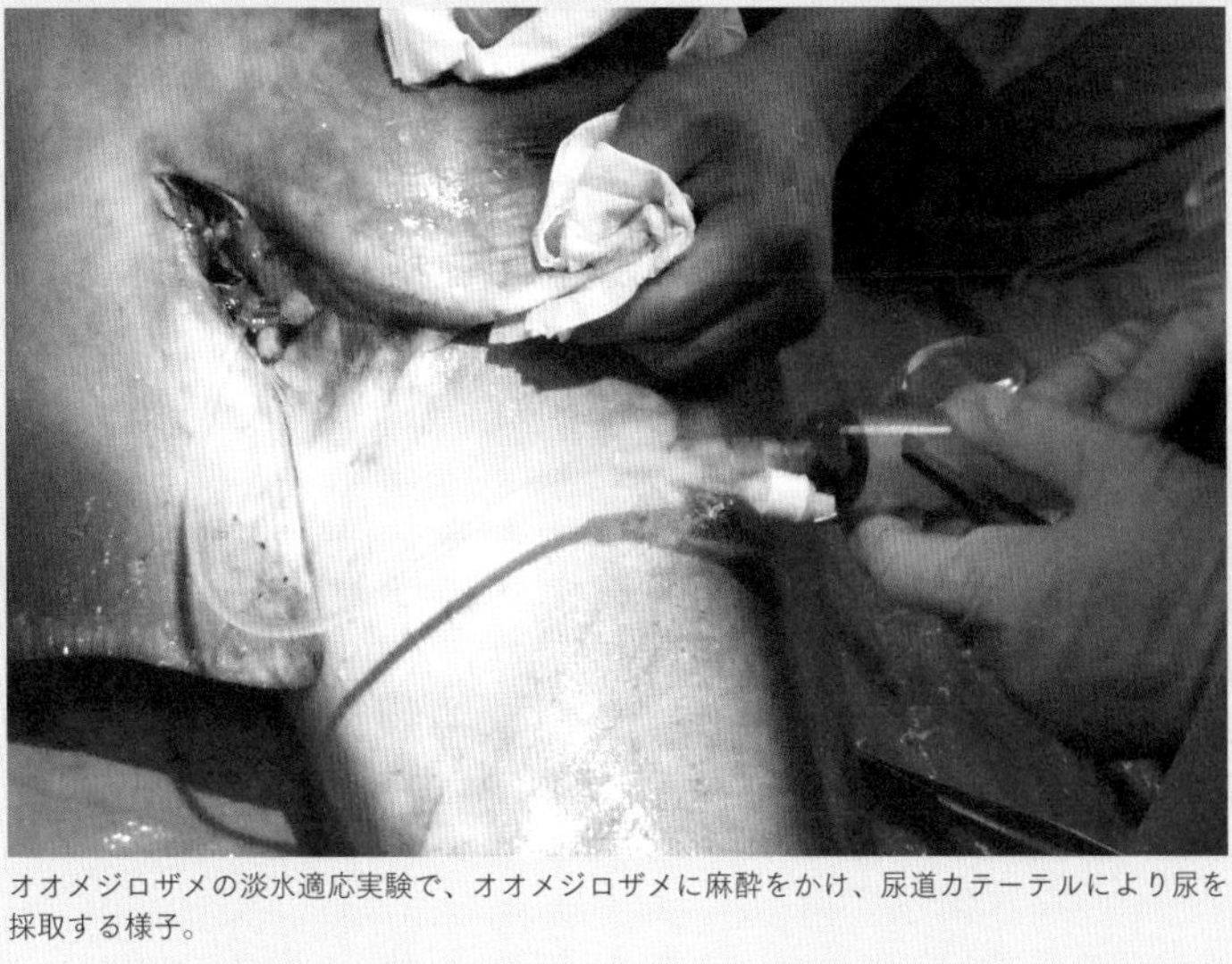

オオメジロザメの淡水適応実験で、オオメジロザメに麻酔をかけ、尿道カテーテルにより尿を採取する様子。

機能すると考えられている。簡単に説明すると、サメが尿を排出する際に失われる物質（NaClや尿素）を、濃度勾配《のうどこうばい》に逆らって再吸収し、体液の浸透圧を維持する能力が高いということだ。一方で、体の中の仕組みを考えると、オオメジロザメが低塩分あるいは純淡水中で生きていくことは、それほど容易なことではないとも考えられる。おそらく、オオメジロザメは低塩分の環境に適応可能であるが、海水が全く侵入しない純淡水域が決して好きなわけではない。そこで、西表島のオオメジロザメは、程よく海水が混じっているところを上手く探しながら、何らかの目的をもって河川域に侵入しているのだろう。それならば、なぜオオメジロザメは浸透圧のリスクを冒してまで川に侵入しているのだろうか？　色々な可能性があるので明確には答えられないが、立原博士らが調べた胃内容物の調査から、河川内に棲むカニ類や魚類を豪快に摂餌し、豊かなエサ環境を利用していることが分かった。意外に思われるかもしれないが、沖縄のサンゴ礁の海は、色とりどりの生物が棲む多様性に富んだ環境である一方で、海水が貧栄養のため生産力が低く、大型生物にとってはエサ資源に極めて乏しい環境だ。それに比べると、マングローブが広がる浦内川は栄養豊富で、エサ生物の量も多い。また、河川という狭い環境下では、オオメジロザメの幼魚を超える捕食者は存在しないため、彼らにとってこの上ない安全な環境なのだろう。

ここまでの結論として、❶オオメジロザメが低塩分の環境に適応する能力が高いこと、❷河川域に侵入することで、多くのエサを独占的に利用することが可能であること、❸他の大型サメ類が存在しない場所で安全であることなど、オオメジロザメの謎が分かってきた。でも、研究が進むにつれて新たな疑問もたくさん湧き出てくるものだ。そこで、我々は最新の研究ツールとして、環境DNAを活用することにした。環境DNAを分析することにより、バケツ1杯の水で環境中の魚類を網羅的に調べることが可能だ（メタバーコーディング法）。この手法は、千葉県立中央博物館の宮正樹博士が中心となって開発されたもので、その実用化に向けた最初の実験は沖縄美ら海水族館の大水槽で行われた。今では、世界的に普及しつつある研究手法であるが、特に生物多様性が高い熱帯域では極めて利用価値が高いだろう。西表島での研究では、オオメジロザメだけでなく他の魚類の季節的な出現をモニタリングする方法として活用され、今後は西表島のオオメジロザメの個体群解析などにも応用されていくはずだ。西表島のオオメジロザメ集団は沖縄本島の集団とは異なることや、隔年で繁殖しているらしいことも分かってきており、今後の研究の進展に乞うご期待だ。

動かぬサメの静かなる戦略 冨

一番泳ぎの速いサメは？　サメについて知識のある方は、迷わずアオザメと答えるだろう。尖った頭、美しい流線型の体。いかにも速く泳げそうだ。では、逆にもっとも動かないサメはなんだろう。驚くかな、この質問に対する正式な答えは出ていないようだ。しかし、水族館で数々のサメを見てきた我々は確信を持って言える。それはカスザメだ。

カスザメは実に奇妙なサメである。体は座布団のように扁平で、海底に張り付いて生活している。普段はほとんど動かず、近くを餌が通りすぎた時に素早く海底から飛び出し、餌を水ごと吸い込んでしまう。エイとの共通点が多いことから、サメとエイの中間的な生物と考えられたこともあったが、この説は近年否定されている。

私がこのサメを研究したのは２０１７年のことだ。当初、私はこのサメの特殊性を過小評価していた。所詮はただの平たいサメだろう、と。この認識は後に見事に覆されることになる。このサメはとにかく隠れ上手だ。水槽の底にいるカスザメは、器用

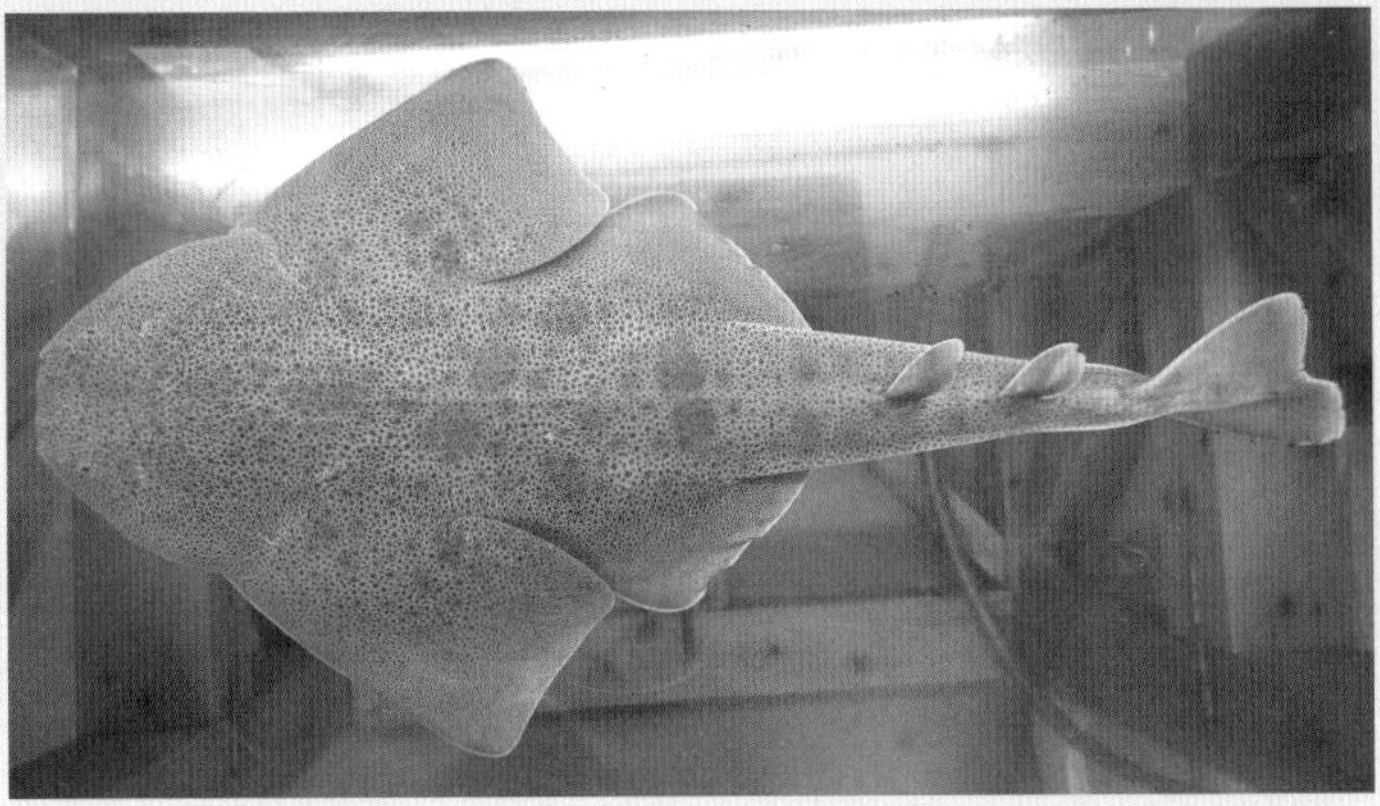

カスザメ。エイのように平たい体をしているが、サメの仲間である。写真提供：海洋博公園・沖縄美ら海水族館

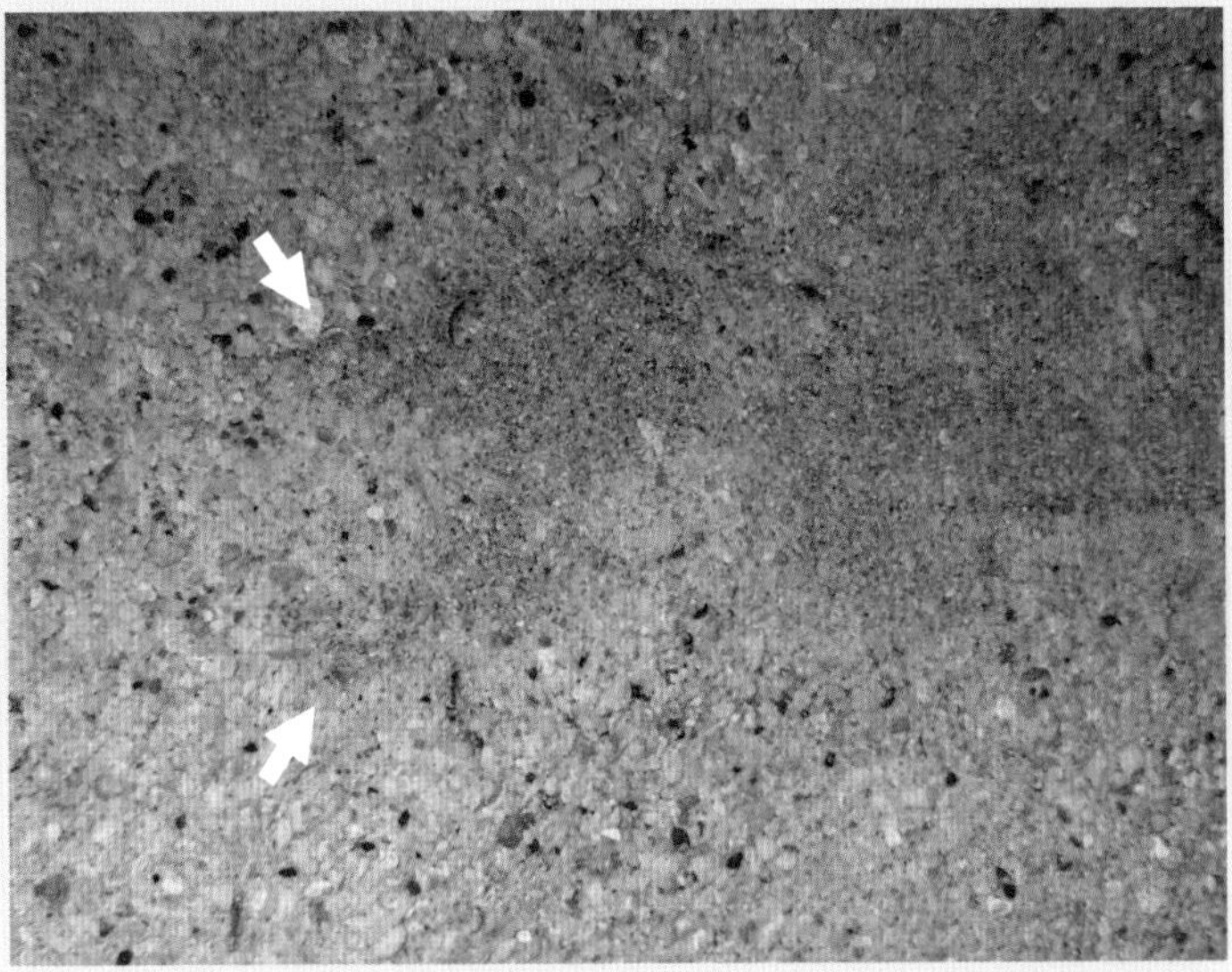

砂の中にカスザメの上半身が隠れているが、見つけられるだろうか？左右の目（矢印）を砂から出して、辺りを窺っている。写真提供：海洋博公園・沖縄美ら海水族館

に背中に砂をかけ、完全に海底面と同化している。砂の上に露出しているのは小さい眼だけだから、薄暗い水槽の底にいる彼らを見つけるのは不可能に近い。

このサメの隠れる能力について、近年新たな発見があった。この面白さを理解していただくために、まずは友達とかくれんぼをしていた幼少時代のことを思い出してほしい。貴方は公園の遊具の下に隠れている。オニの足音がすぐそこまで迫ってきた。幸いまだオニは貴方に気づいていないようだ。貴方は息を殺し、オニをやり過ごそうとするだろう。私たちには、体の動きをいかに止めたとしても、完全には止めきれないものがある。それは呼吸である。息をする時のわずかな胸の動き、口や鼻を出入りする空気の音。これらをオニに悟られないように、貴方はじっと息を殺す必要がある。

呼吸が生存にとって必須というのは、水中に生きるサメも同じことで、彼らは口から水を吸い込み、口の奥にある鰓《えら》で酸素を取り込んでいる。口から水を吸い込む時、主要な役割を担っているのが舌である。舌を定期的に引き下げることで口の容積を広げ、水を吸い込んでいるのだ。この舌の動きは口腔ポンプと呼ばれる。だから、生きているサメをよく見ると、この舌の動きに連動して、頭がゆっくり上下していることが分かるはずだ。

ところが、奇妙なことにカスザメにはこの動きが全く見られない。この事実に最初に気づいたのは、水族館で40年以上サメの飼育に携わっている戸田実氏だ。どれだけ目を凝らしても、カスザメの頭は全く動かないのだ。詳しく調べたくなった我々は、同僚で「魚の看護師」である村雲清美氏にお願いし、舌が動いていないことをエコーを使って確かめてもらった。となればカスザメは息をしないのか？　当然そんなことはなく、どういう仕組みによってか、水は口に吸い込まれていく。私たちは、鰓にある弁が水を吸い込む原動力となっていると考えているが、詳細はいまだ不明である。とにかく、彼らが呼吸を隠す能力を持っていることは確かだ。

この発見に気を良くした私は、２０１８年に戸田氏、村雲氏とともに「カスザメのステルス呼吸」というタイトルの論文を書いた。カスザメは、呼吸によるわずかな体の動きすら隠蔽する、徹底して動かないことを選んだサメなのである。この論文には、じっと動かないカスザメの動画を添付した。不動の動画。この研究において、これ以上説得力のある証拠があるだろうか。この論文は私の研究人生の中で最高傑作の一つだと思っている。しかし、隠れ上手のカスザメの呪いのせいか、世間的には全く話題にならなかった。

検証！メガマウスザメ伝説 冨

牛乳瓶のように太短い体。毒のある牙。瞼《まぶた》のある鋭い目。褐色から黒色の体表。ヘビなのに転がって移動し、2m以上飛び上がる。なんのことかといえば、1970年代を中心に日本各地で目撃された未確認生物であるツチノコである。確かな捕獲例がないにも関わらず、その姿や生態は驚くほど詳細に語られている。

一方、メガマウスザメは、確実にこの世に存在する生物であるが、未確認生物に似た魅力に溢れている。最近、目撃数が増えてきたとはいえ、その生態についての情報はまだまだ少ない。しかし、その生態について想像を膨らませる欲求はなかなか抑えがたいようで、「証拠は？」「根拠は？」と普段うるさい研究者も、ことメガマウスザメに関しては、あたかも自分が見てきたかのように饒舌になる。かくいう私も、きっと例外ではない。本項では、巷で有名な二つのメガマウスザメに関する言説について、その真偽のほどを探ってみよう。

一つ目の言説は、メガマウスザメの摂餌生態に関するものだ。メガマウスザメの名

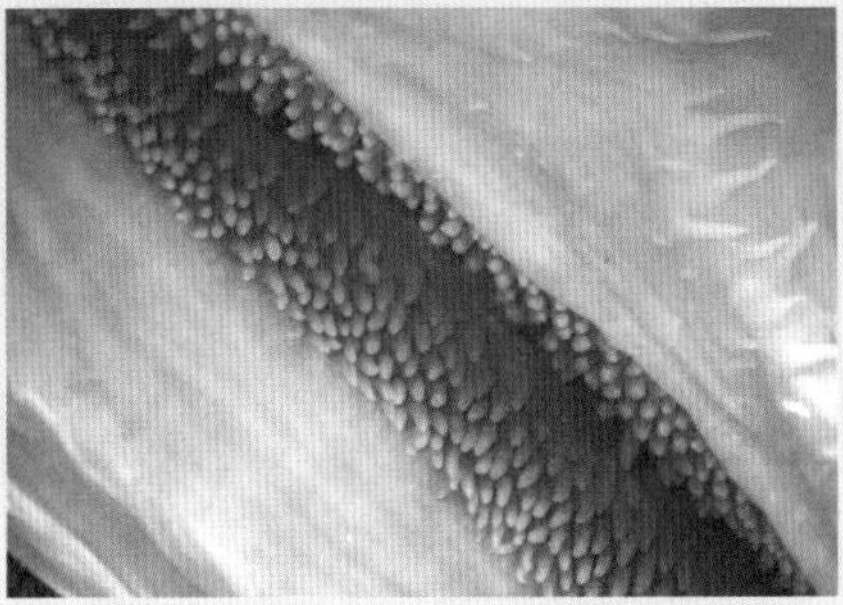

口の中から、メガマウスザメの鰓穴を見たところ。ブラシの毛のような突起が並んでおり、海水に混じったプランクトンを濾しとると言われている。写真提供：海洋博公園・沖縄美ら海水族館

前の由来はその巨大な口だ。この口がどのように使われるのか、確かに気になる問題ではある。実は、このサメの摂餌生態について確からしいのは、彼らがプランクトン食であるということだけである。鰓の内側にあるプランクトンを漉しとるためのブラシ状の突起、7m以上になる巨体に似合わない小さい歯、胃の内容物などがその根拠だ。

さて、問題は彼らの食事作法である。最初にメガマウスザメの摂餌行動について言及したのは、メガマウスザメの名付け親であるレイトン・タイラー（Leighton Taylor）博士である。博士は、1983年の論文の中で、「大口を開けて水中を泳ぎ、プランクトンを濾しとる」と予想している。まさに、巨大な口を虫取り網のように使っているのだという。この説に異を唱えたのが、レオナルド・コンパーニョ（Leonard Compagno）博士である。彼は、1990年の論文で解剖学的な検討を行い、「口を素早く突出させ、プランクトンを吸引して食べる」と予想している。この捕食行動は、様々な書籍にイラスト入

りで紹介されており、おそらく最も流布している説と言えるだろう。さらに、2005年には、北海道大学の仲谷一宏名誉教授が新たな説を提唱した。彼は、喉《のど》の皮膚の伸縮性などの証拠から、食事中にヒゲクジラのように喉を膨らませていると予想している。博士によれば、メガマウスザメは大口を開けて泳ぐことで、口から水を取り込み、喉を膨らませるという。そして、その水を少しずつ鰓孔から排出しながらプランクトンを濾しとるという。これほどまでに多様な説が存在するのは、ひとえにメガマウスザメの食事風景を誰も見たことがないからである。

10年ほど前、学生だった私もこの問題に魅了された。そこで、手始めとして「餌を吸引する」コンパーニョ説と、「餌を吸引しない」タイラー&仲谷説に分け、どちらが正しいか検証してみることにした。私が着目したのは、舌を支える骨格だ。吸引するための強い圧力を作るためには、頑丈な舌が必要だからである。私は物理学的な手法を用いて、メガマウスザメの舌骨格《ぜつこつかく》から吸引能力を見積もってみた。結果が示すところは明白だった。正しいのはタイラー&仲谷説だ。メガマウスザメに餌を吸引する能力はない。彼らが素早く水を吸い込んだら、舌の骨格がへし折れてしまうだろう。

食事作法と同じくらい有名な言説は、メガマウスザメが暗闇で光るという話である。この説は研究者によって繰り返し主張され、光るとされる部分も、口中や歯茎など

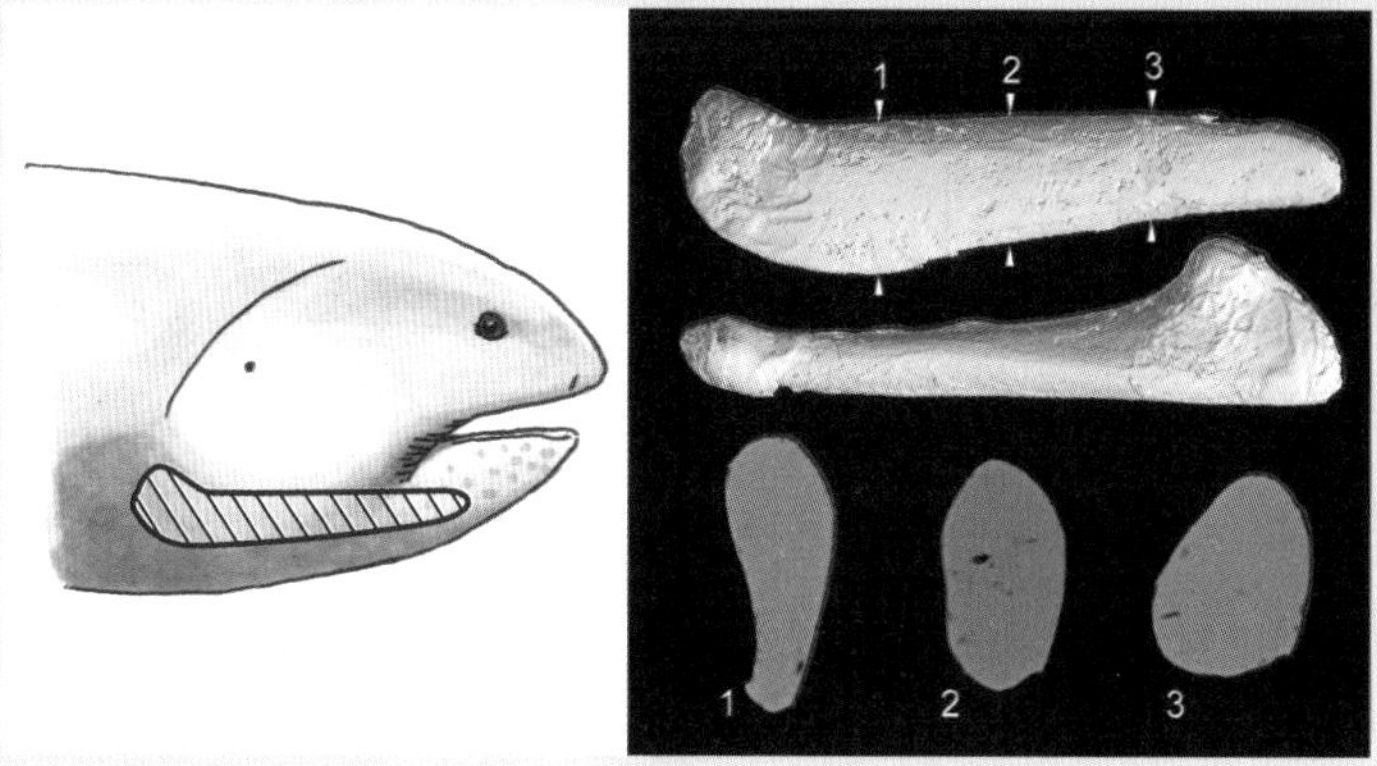

下顎の内側には、舌を支える軟骨（左：斜線部分）がある。メガマウスザメの舌軟骨のCT画像（右）。横方向と上方向から見たところと、3か所の断面形状。細長い形状をしており、強い力に耐えるのに向いていないように思われる。Tomita et al. (2011) より改変。

様々である。一口に生物が光るといっても、その原理は種によって異なり、発光（自ら光を作る）、反射（外からの光を跳ね返す）、蛍光（外からの光を吸収して、別の波長の光に変換する）が知られている。実は、これら全ての原理がサメの仲間で確認されており、いずれかの方法でメガマウスザメが光るとしても全く不思議ではない。

　詳しくは別の章を読んでいただきたいが、右の3種類の原理のうち、サメに関して最も研究が進んでいるのは発光である。発光に用いられる器官や、発光の制御の仕組みなども解明されつつある。私たちも、発光生物の専門家であるルーバンカトリック大学のジェローム・マレフェット（Jérôme Mallefet）教授らと、サメの発光メカニズムについて共同研究を行ってきた。もちろん、その対象にはメガマウスザメも含まれている。

さて、メガマウスザメは発光するのか? 夢を壊すようで恐縮だが、メガマウスザメが発光する可能性はかなり低そうである。2020年、我々はメガマウスザメの様々な部位の皮膚を調査し、いずれからも発光器が見つからなかった旨を論文として報告した。だが、がっかりしないでほしい。反射や蛍光によってこのサメが光る可能性はまだ残されている。

いつの日か、このサメを水族館で飼育することができるだろうか。水槽で泳ぐメガマウスザメは、様々な行動を私たちに見せてくれるだろう。もし、このサメが餌を勢いよく吸い込み、暗闇で光っていたら……その時は、潔く自らの敗北を認めることにしよう。

3章 サメの複雑怪奇な繁殖方法

サメの奥深い繁殖方法　佐

サメは一体どのようにして子孫を残すのか？　水族館で働いていると、「サメってクジラの仲間だから子供を産むんだよね？」とか、「魚だから卵で生まれるんだよ」とか、色々な会話が聞こえてくる。全てが間違いというわけではないが、正解とも言えない……。でも、サメの繁殖方法を、正確に、すべての種類についてスラスラと答えられる人なんて、世界に一人もいないのだから仕方ない。もちろん私を含めて、である。サメに関する書籍は世の中にたくさんあるが、私や冨田さんから見て、満足な記述がされているものは殆ど無い。そこで、ここでは科学的に証明できている事実と、推測の域にある仮説をはっきりと述べた上で、可能な限り正確な説明をしたいと考えている。

サメの卵生と胎生

サメ類の繁殖様式は、古くから慣習的に卵生、胎生、および卵胎生に大別される場

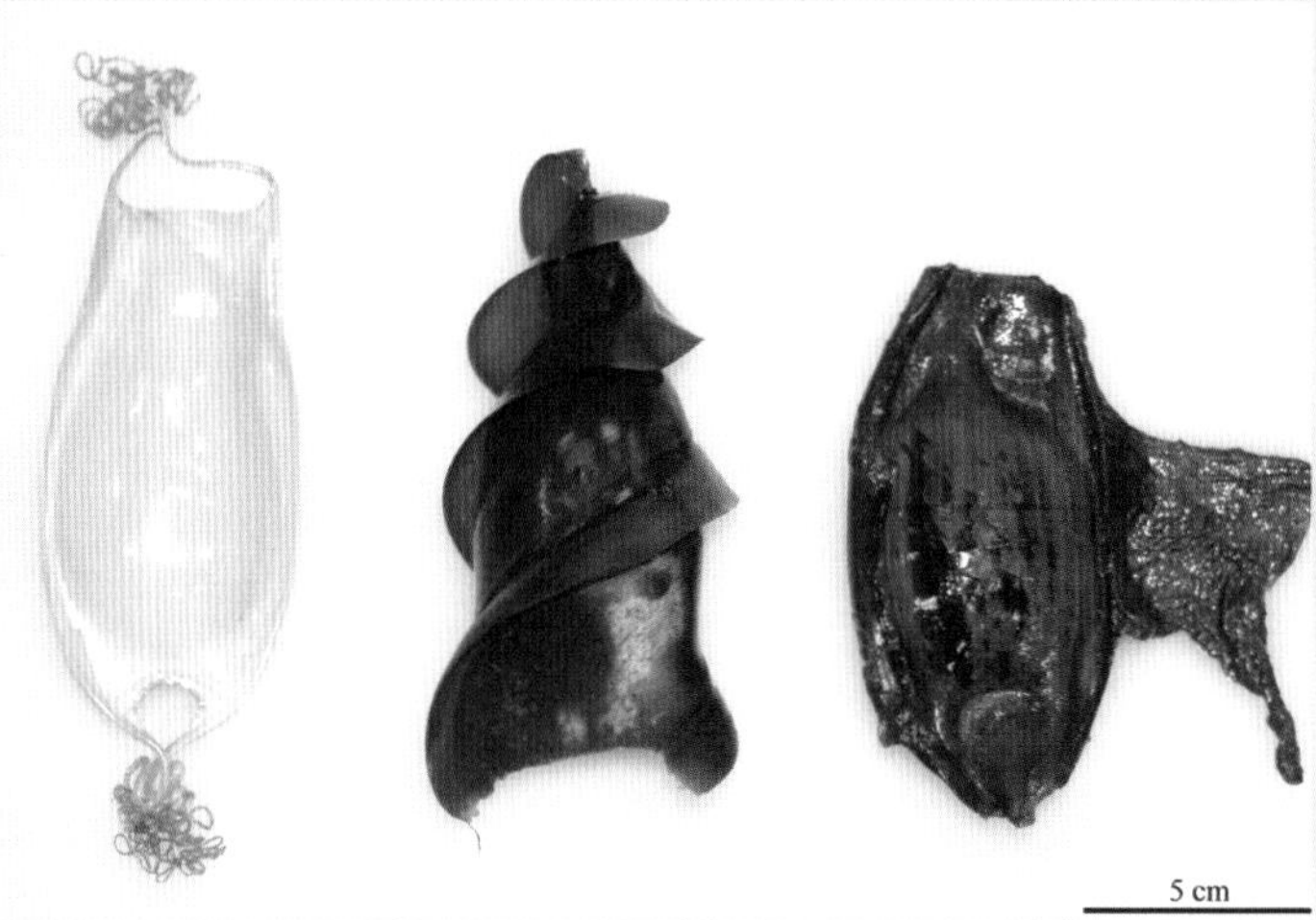

卵生のサメに見られる卵殻のバリエーション。写真左から、ナヌカザメ、ネコザメ、イヌザメ。
写真提供：（一財）沖縄美ら島財団

合が多かった。卵生のサメは、硬い卵殻（別名〝人魚の財布〟）に覆われた受精卵を体外に産卵する。卵生のサメにとっての最大のリスクは、ヒトデなどの底生生物による食害や、流れによる移動、底質による埋没などがある。そこで、海底の構造物に巻き付けるものや、口にくわえて岩場に固定するもの、あるいは砂泥底に産み付けるものなど、様々な方法で卵の生存率を高めている。あまり活発に泳がない底生性のサメに多く見られる様式で、卵殻内で発生した仔ザメは数か月から数年かけて海中に孵化する。卵生のサメは、全てのネコザメ目、一部のテンジクザメ目や、メジロザメ目のトラザメ科、ヘラザメ科のサメに見られる。

一方、胎生は半数以上の種が持つ繁殖様式で、母体から直接仔ザメを海水中に出産する。胎生のサメであっても、卵殻を作らないわけではなく、厚みや形は様々だが卵殻に相当する薄い膜に包まれた状態で、子宮内に受精卵を保持するのが基本である。

それでは、卵胎生とはどんな産まれ方か？という話になるが、私は「卵胎生＝胎生の一部」として考えている。実際、卵胎生はサメの研究者の間では近年あまり使われなくなった言葉で、後述する〝卵黄依存型の胎生〟に相当すると考えられるからである。従来のように卵生と胎生、つまり胚発生《はいはっせい》が環境水中か母体内で進行するか、という形質だけで繁殖様式を体系的に論じることは、もはや難しくなったと言ってよい。なぜなら、研究が進むにつれ、極めて胎生に近い卵生が見つかったり、胎生の種類を定義することが複雑で曖昧になってきたからである。ましてや、卵胎生と胎生を明確に分けて定義することなど、サメの世界では不可能に近いのだ。

ポイントは母体と胎仔《たいし》の関係性

サメの繁殖様式を考える上で、単純に卵生・胎生という〝産み方〟のみに着目するのではなく、〝母体と胎仔の関係〟にも着目しなければ、繁殖様式の進化の過程を理解するヒントを見失ってしまう。ここでは、米国のジョン・ワームス（John Wourms）

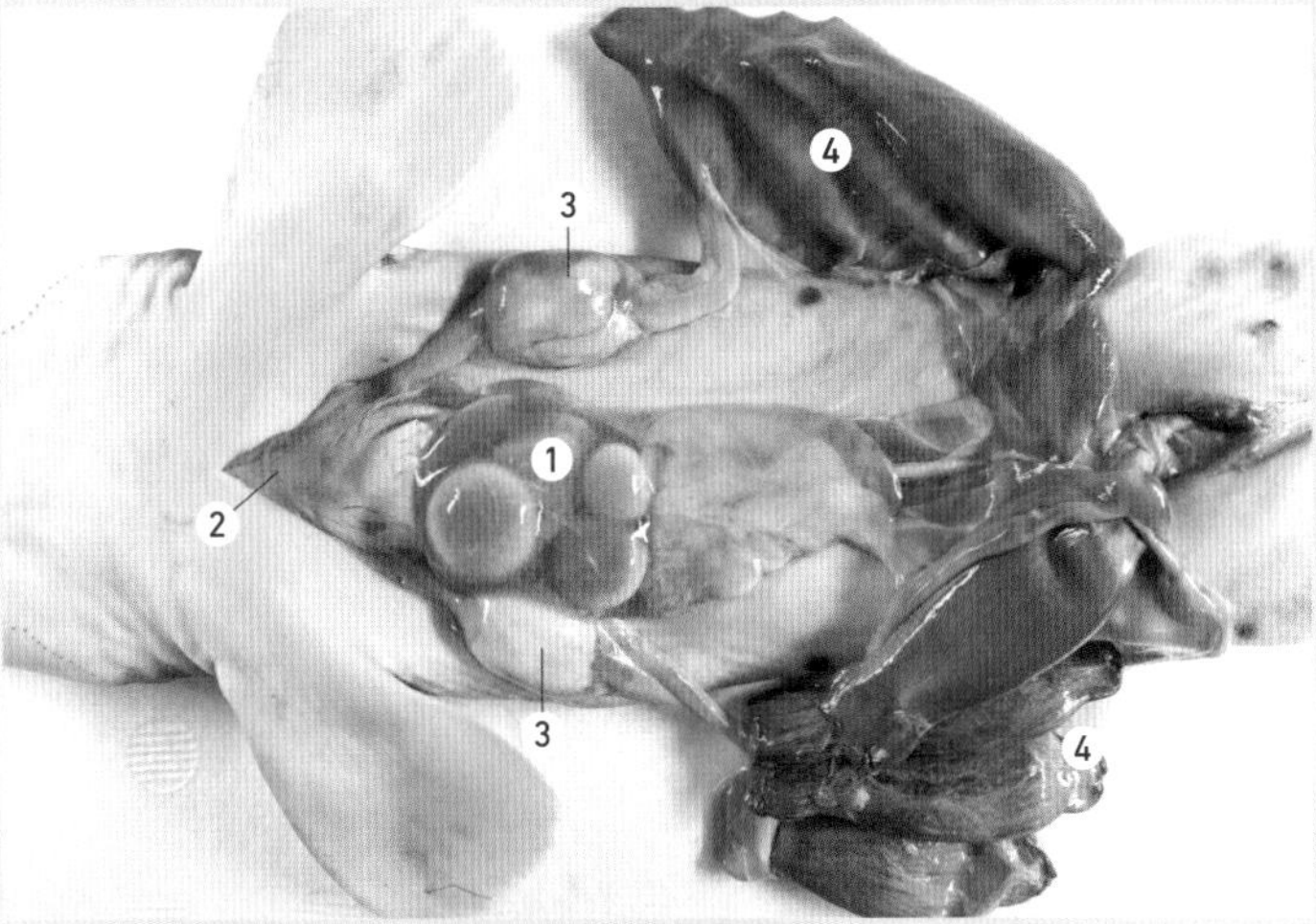

上／複卵生の卵生であるナガサキトラザメの生殖器官。中央やや下に①卵巣、排卵した卵を生殖輸管に取り込む②受卵孔、その上下に③卵殻腺、右側に多数の卵殻を保持する④輸卵管がある。それぞれ1対が基本だが、卵巣は片側のみ発達する場合が多い。下／卵殻から取り出したトラザメの胚と卵黄。卵生のサメでは、胚の栄養は卵黄に依存している。写真提供：（一財）沖縄美ら島財団

博士らによって体系化されたサメ・エイ類の繁殖様式を起点として、栄養供給という観点から繁殖の仕組みを論じたいと思う。

サメ・エイの繁殖様式は、母から子への栄養供給の有無、つまり母体に栄養を依存しない卵黄依存と、母体から何らかの栄養供給を受ける母体依存に分けられる。前者の卵黄依存

深海トロール網で採集されたサラワクナヌカザメの卵殻(写真上/©Hsuan-Ching Ho(台湾・国立台湾海洋生物博物館)、およびナヌカザメの卵殻(写真下/写真提供:海洋博公園・沖縄美ら海水族館)。保持型単卵生のサラワクナヌカザメは、他の卵生サメ類と比較して卵殻の透明度がきわめて高い。

は、卵生種および卵黄依存型胎生に見られる、卵黄に頼った栄養補給の様式である。卵黄に依存する卵生種は、さらに単卵性と複卵性に分けられる。前者の単卵性は、ほとんどのトラザメ科・ヘラザメ科、一部のテンジクザメ目のサメに見られる。これらの種は、読んで字のごとく一対の輸卵管にそれぞれ一個の卵殻卵を保持する。一対と書いたのは、サメは左右で一対の輸卵管（胎生の場合子宮となる）があるため、単卵生の場合通常左右一つずつ、合計二つの卵殻卵を保持する。それらの卵殻卵は、ふつうは輸卵管内に長く留まらず、海底に産卵される。卵殻の形状は様々であるが、分類群によりある程度の特徴がみられる。一方、複卵生の卵生は、トラフザメ（テンジクザメ目）、ナガサキトラザメやヤモリザメ属（ヘラザメ科）の一部にみられ、複数の卵殻卵を〝一定の期間〟輸卵管内に保持する。これらの卵生種は、胚発生の大半の過程が産卵後の海水中で進行し、卵黄を吸収し尽くした段階で卵殻から孵化する。

ところが最近、北海道大学の仲谷名誉教授らが、台湾近海でおもしろい卵生のサメ（サラワクナヌカザメ）を発見したので紹介しよう。このサメは、単卵生のサメなのだが、胚発生が母体内で進行し、卵殻から孵化するちょっと前に海水中に産卵するという。仲谷博士は、この様式を保持型単卵生（Sustained single oviparity）と名付けている。深く考えなければ、単に「長い間体内で育てることなんだ」と思うかもしれないが、実はここに大変な謎が隠れている。それは、母体内で発生が進む場合、ある程度大きくなった仔ザメは、呼吸するための酸素を多量に必要とするため、何らかの方法で卵殻内に酸素を含んだ液体を取り込む必要がある。海水中に放出されれば、卵殻に空いた小さなスリット（隙間）から海水を取り込むことが可能であるが、母体内では❶母体から酸素を供給する、または❷輸卵管の中に海水を取り込む、のいずれかの方法で呼吸水を確保する必要がある。残念ながら、この疑問はまだ解明されていないようなので、今後の研究に期待したい。

卵黄依存型胎生のサメ

それでは、ここから胎生のサメについて、深く掘り下げて説明したい。ワームス博士が体系化したサメ類の繁殖様式に従うと、胎生ザメの祖先形は「卵黄依存型胎生」である。この様式は、胎仔は子宮内で母体からの栄養供給を受けず、比較的大きな卵《らん》黄嚢《おうのう》のみに栄養を依存するタイプで、この点については卵生のサメと基本同じである。通常、発生の初期には卵黄物質を卵黄嚢（外卵黄嚢）に貯留し、後期には外卵黄嚢から体内の内卵黄嚢に卵黄物質を移送して蓄える。一般に卵黄依存型胎生では、子宮内の胎仔は薄い膜状の卵殻（または卵被膜）に包まれる。ツノザメ目の場合、複数の受精

きわめて大きなヒレタカフジクジラの子宮と、その内部の卵殻卵。ツノザメ類は卵黄依存型の胎生を基本とし、複数の受精卵が一つの卵殻に包まれた状態（キャンドル）で子宮内に存在する。写真提供：（一財）沖縄美ら島財団

卵が並んで一つの鞘に包まれた状態（キャンドルと呼ばれる）で存在している。卵黄依存型胎生のサメは、ネコザメ目やネズミザメ目以外のグループに幅広く存在するが、繁殖周期や産《さん》仔《し》数《すう》は多様である。極端な事例として、卵黄依存型と推測されるジンベエザメでは、左右の子宮から合計３００個体の胎仔が発見され、それらがいくつかの発生段階にグループ化されていたことが知られている。

卵黄依存型の胎生は、基本的に〝母体由来の栄養を摂取しない〟と定義されるが、実際にはその見極めはきわめて困難だ。サメの子宮内壁には多数の血管が密に分布し、胎仔のガス交換や羊水の環境維持に寄与していると同時に、分泌組織から何らかの有機物や無機物が子宮内へ分泌され、胎仔がそれらを摂取している可能性があるのだ。（144P「胎仔の呼吸をめぐるパラドクス」参照）つまり、厳密に卵黄だけに栄養を依存することを証明することは困難だ。

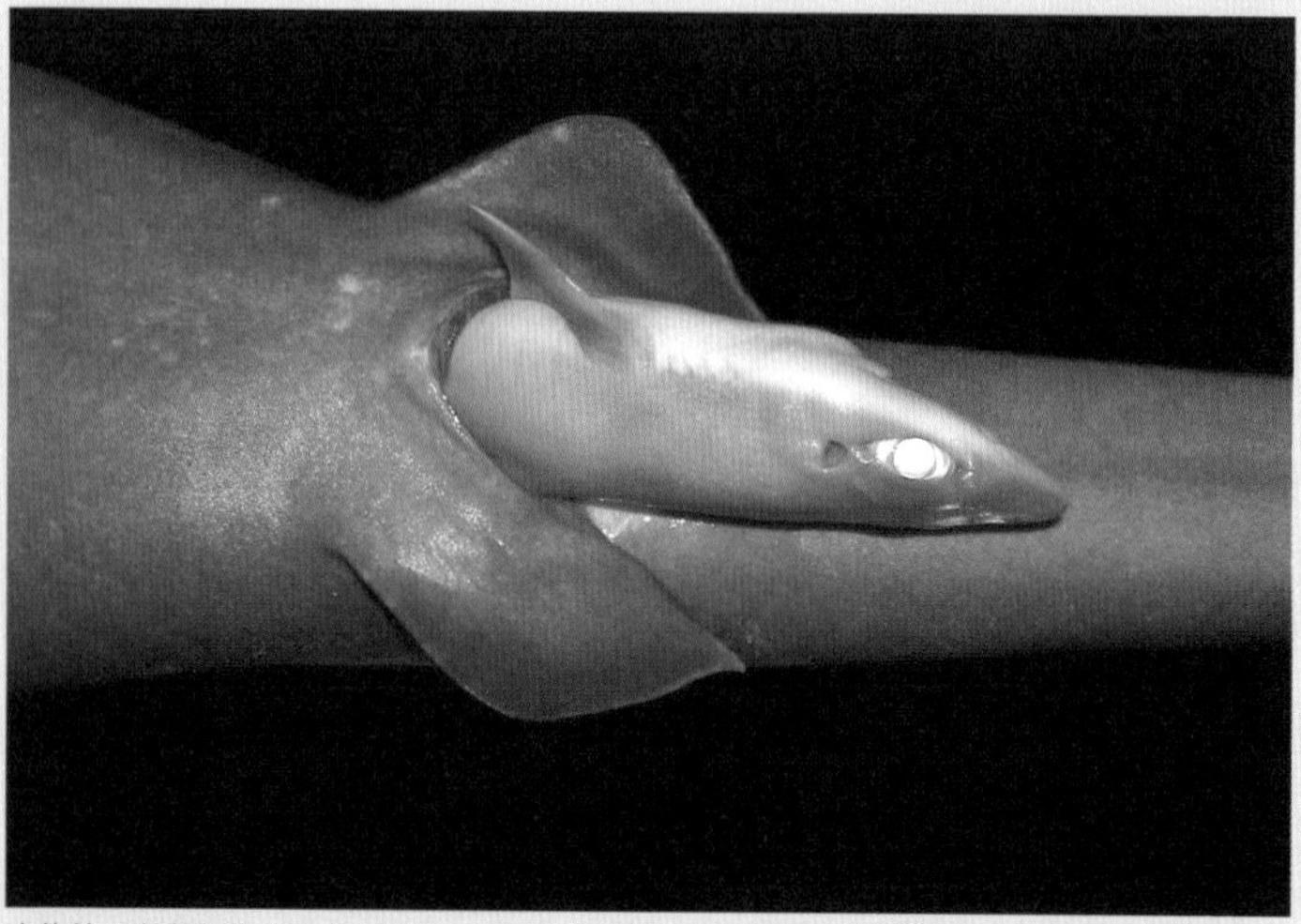

水族館で出産したツノザメ。種によって出産される仔ザメ体位は異なるが、尾部から生まれる場合も多い。写真提供：海洋博公園・沖縄美ら海水族館

母体依存型胎生のサメ

前段の卵黄依存型に対して、母体から胎仔への栄養供給を行うタイプのサメを、「母体依存型胎生」と定義する。これらのサメでは、卵黄由来の栄養だけでなく、母体から〝何らかの方法〟で栄養供給を受け、仔ザメを子宮内で大きく成長させることが可能である。

母体依存型でもっともポピュラーなものは、母体の子宮内壁から有機物を含んだ分泌物を子宮内に供給し、胎仔が摂取する方法である。卵黄依存の場合に比べ、卵黄＋栄養補給することで、仔ザメを大きく成長させて出産する。細かく言うと、サメ類では「粘液性組織栄養型（Mucoid histotrophy）」と呼ばれ、比較的栄養分の

少ない分泌物を供給する種が多いが、エイの一部（アカエイ類）には高カロリーなミルク様の物質を分泌する「脂質性組織栄養（子宮ミルク）型（Lipid histotrophy）」もある。以前は卵黄依存型胎生とみなされていたサメが、近年の研究により母体からの栄養供給の存在が判明した場合もあるため、卵黄依存型の派生形とみなされている。東海大学の田中彰博士はラブカにおいて、米国フロリダ州立大学のチップ・コットン（Chip Cotton）博士は、アイザメの仲間が、何らかの栄養供給を行うことを発見している。

また、2016年に米国海洋大気庁（NOAA）のホセ・カストロ（José Castro）博士と私が公表した論文では、イタチザメの繁殖様式が、粘液性組織栄養型をさらに栄養強化したタイプ（論文では胚栄養型Embryotrophyと命名）であることを発見した。私は、イタチザメの胎仔が子宮内で栄養を含む液体を〝飲む〟と推測しているが、米国のユージニー・クラーク（Eugenie Clark）博士は、〝胎仔は胃を反転させ、その表面から栄養を吸収している〟と述べている。確かに、イタチザメの子宮からは、胃を反転させた胎仔が発見されるのも事実であるが、今のところどちらも確証が得られない。今後の研究次第では、様々なタイプの組織分泌型のサメが発見される可能性があると考えている。

サメの繁殖様式は、ここからさらに発展する。サメの中には哺乳類のように胎盤を形成し、母体と胎仔が臍帯《さいたい》（へその緒）を介して栄養や酸素を供給するものがいるの

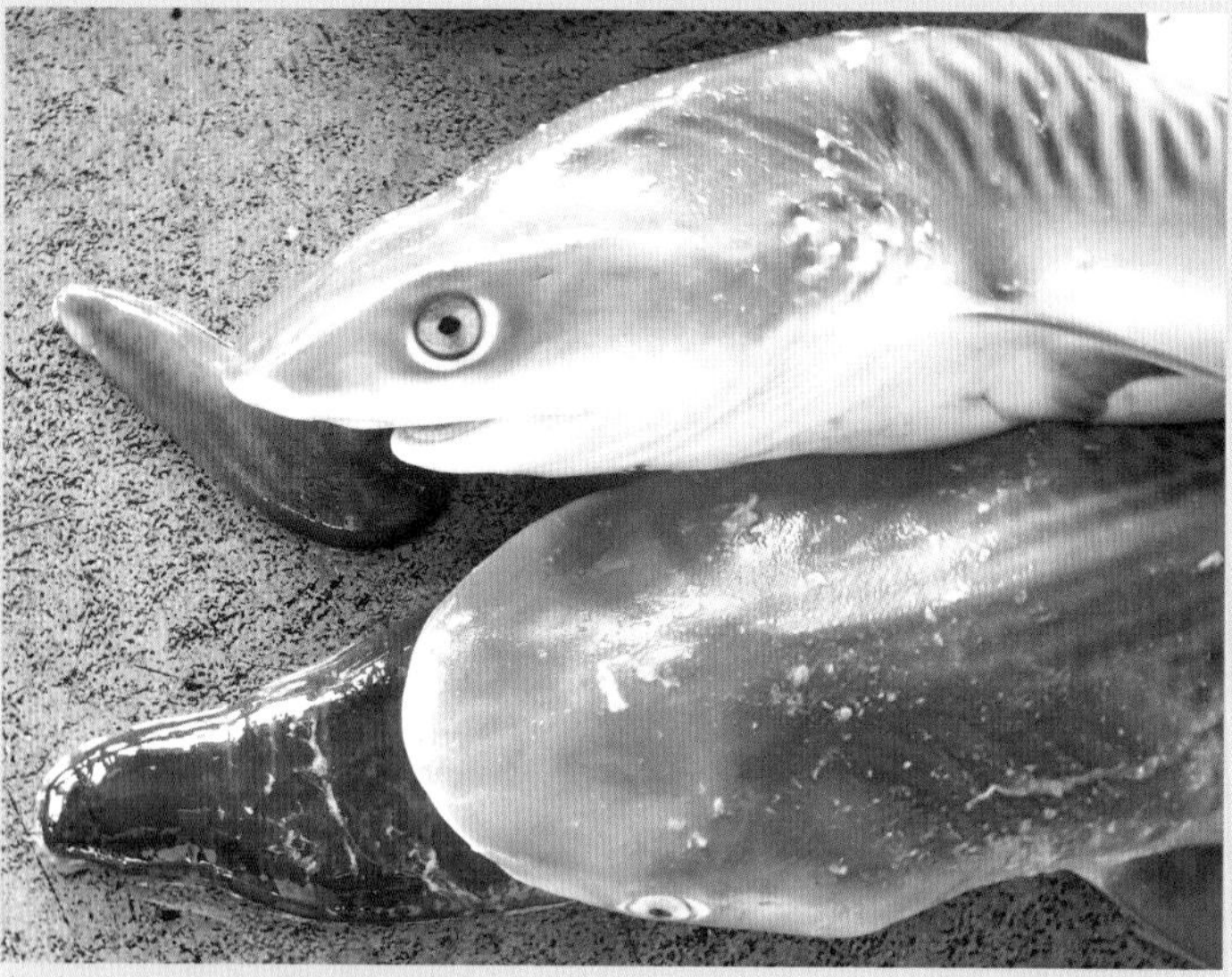

(写真上)イタチザメの子宮内に存在する多数の胎仔(全長約80cm)。それぞれの胎仔は卵殻によって包まれ、隔壁で隔てられた個室に入っている。(写真下)口から胃を反転させたイタチザメの妊娠後期の胎仔。この反転した胃の表面から栄養を吸収するという説もある。写真提供:(一財)沖縄美ら島財団

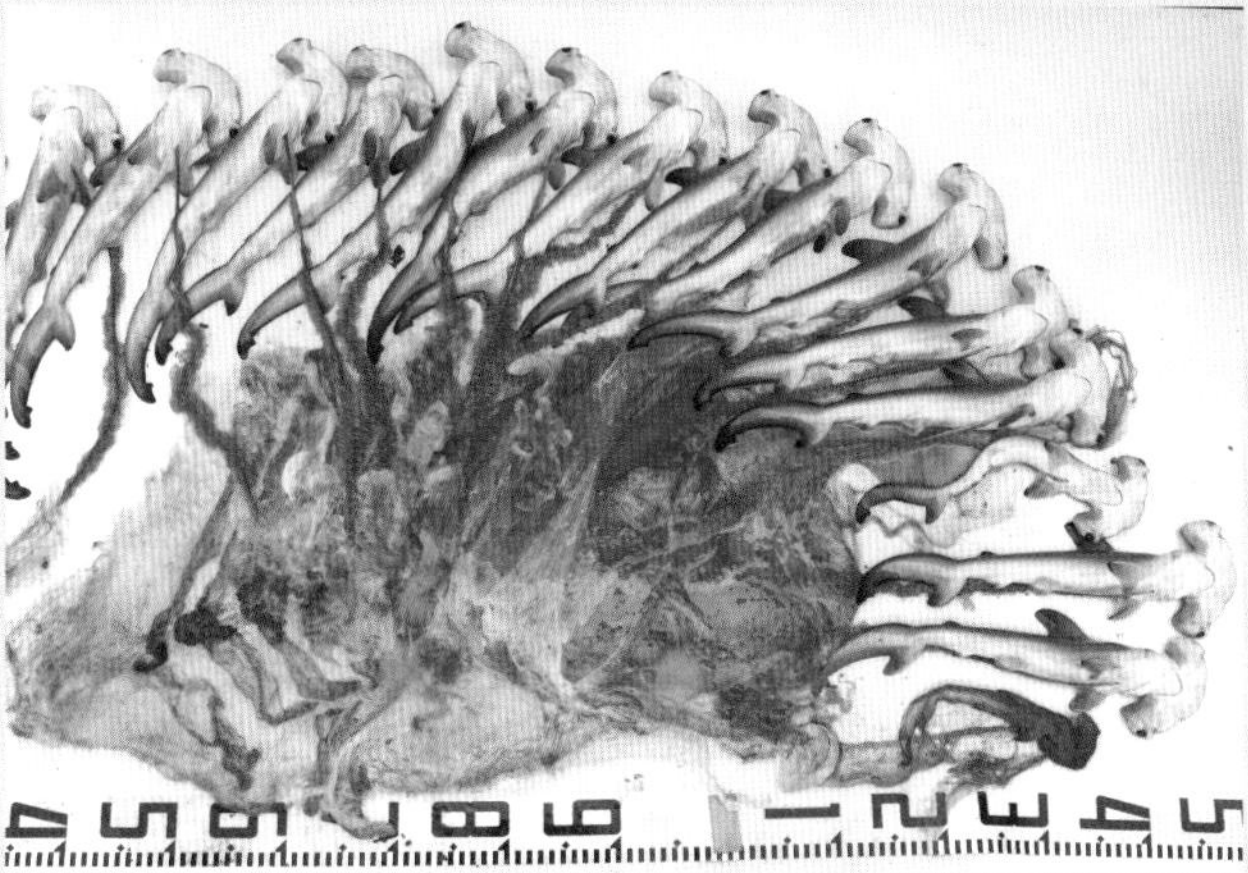

シロシュモクザメの子宮を解剖した写真。それぞれの胎仔は、胎盤と臍帯（へその緒）を通して母体（子宮壁）から栄養や酸素の供給を受ける。写真提供：（一財）沖縄美ら島財団

カマストガリザメの胎仔から延びる臍帯と胎盤。サメの胎盤は卵黄嚢が退縮したのちに胎盤に変化するため、卵黄嚢胎盤と呼ばれる。胎盤に付着している黄色い薄膜は、胎盤と子宮壁の間に存在する卵殻（卵被膜）。写真提供：（一財）沖縄美ら島財団

ホホジロザメの胎仔。胎仔は子宮内に供給される栄養卵を大量に摂取するため、胃が大きく膨らんだ状態となる。この状態で、全長は1m近くに達する。写真提供：海洋博公園・沖縄美ら海水族館

だ。これは動物全体を見てもかなり珍しく、哺乳類の有胎盤類以外では、爬虫類の一部に存在するだけである。サメの胎盤型は、組織分泌型から派生したと考えられ、メジロザメ科やシュモクザメ科ではほとんどの種がこの様式をとるほか、ドチザメ科にも胎盤をもつ種がいる。このタイプは、胎仔が一個体ずつ子宮内のコンパートメントに収納され、さながらカプセルホテルのような状態になっている。胎盤は、妊娠の初期から有るわけではなく、外卵黄嚢が退縮した後に胎盤に変化するので、卵黄嚢胎盤と呼ばれる。外卵黄嚢が退縮し、胎盤が形成するまでの一定期間は、子宮壁からの粘液組織栄養に

よって、胎仔に栄養と酸素が供給されると考えられる。胎盤形成後、胎盤付着部の子宮壁は分泌活動のほか、ガス交換、浸透圧調節、老廃物の輸送などを担っていると推測される。あえて推測と書いたのは、あくまでも状況証拠から導かれた考え方であることを付け加える。サメの胎盤とヒトの胎盤は、そもそも由来が異なっているのだが、胎盤学の権威である相馬廣明博士によると、シュモクザメの胎盤の絨毛上皮細胞を免疫染色すると、ヒトの胎盤で生成される蛋白と同様の反応を示すという。胎盤を持つサメ類は、通常の場合、繁殖周期が2年で妊娠期間は1年程度またはそれよりやや短いものが多い。偶然ではあるが、妊娠期間も何となく人に似ている気がする。

ホホジロザメに代表されるネズミザメ目のサメに見られるのが、「卵食・共食い型胎生」である。卵食とは、胎仔が子宮内に供給される未受精の栄養卵を摂取することに由来する。ネズミザメ目のほか、*チヒロザメ（メジロザメ目）、*オオテンジクザメ（テンジクザメ目）がこの繁殖様式を持つが、これら3つのグループの卵食は、それぞれの系統で独自に派生したもので、栄養卵の供給方法や由来を異にする。卵食型の代表格であるネズミザメ目では、子宮内で孵化した胎仔が卵巣から供給される小型の〝栄養卵〟（卵殻内に複数の小型の未受精卵が入った未受精卵のパッケージ）を摂取し、胃の中に貯留する。その結果、胎仔の胃は自らの体よりも大きく肥大し、巨大な卵黄胃

(Yolk stomach) を形成する。また、シロワニでは、最初の受精卵から発生した胎仔が、他の受精卵とともに兄弟胚も捕食することから、共食い型と呼ばれるが、〝行き過ぎた卵食型〟の一つと考えればよいと思う。ちなみに、ホホジロザメでは共食いの報告は無い。詳しくは、140P『「赤ちゃんの共食い説」の真相』を参照いただきたい。

新たな栄養供給の発見

卵食型の説明はここで終わってしまうのであるが、さすがは奥深いサメの世界、まだまだ説明を終えることができないのである。例えば、その一つの例がホホジロザメの「授乳」である。2014年に、私たちは驚きの発見をした。沖縄で誤って定置網にかかってしまった全長5mのホホジロザメ(メス)を解剖したところ、子宮内にミルク臭が漂う大量の液体と、見たこともないエイリアンのような胎仔6個体を発見した。この時の発見は、後に論文として公表されたのだが、サメ類では初めての「子宮

＊=チヒロザメ(旧和名:オシザメ)の卵食は、日本のサメ研究者である矢野一成博士、オオテンジクザメの卵食は同じく日本の手島和之博士と沖縄美ら海水族館初代館長の内田詮三博士らの発見による。

ミルク」の分泌を意味するものだった。これまで、ホホジロザメは卵食型であることは分かっていたのだが、様々な証拠から妊娠の初期に胎仔にミルクを飲ませていることが判明したのだ。つまり、ホホジロザメは妊娠の過程で、卵黄吸収→ミルク摂取→栄養卵食と、3段階の栄養供給元をもっていることになる。話せば長くなるので、次項で詳しく述べるとしたい。

これまで、サメの繁殖様式について長く述べたが、私自身もまだまだ多くの疑問を持っている。特に、母体依存型のタイプでは、外卵黄・内卵黄からの栄養と母体からの栄養供給が、どのような時系列で変化し、どの程度の割合で依存し、どのような物質が栄養物質として分泌されるのか、ほとんど知られていないのである。例えば、様々なサメのグループに出現する組織栄養型では、それぞれのグループで進化の由来が異なるだけでなく、分泌物や分泌組織も異なっている可能性がありうる。つまり、見かけ上の類似性はあるが、それぞれの性質は同じものと言えないかもしれない。

さらに、種によっては妊娠個体すら見つかっていないサメ、例えばメガマウスザメ、ミツクリザメなど、たくさんの事例がある。自明ではあるが、将来、多くの種についてサンプルと資料を蓄積し、小さな知見を積み上げていくこと以外、解決への道は存在しないだろう。ごく最近の話だが、長崎大学の山口敦子博士らは、アカエイの繁殖を研究している過程で、妊娠初期に胚発生がしばらくの間停止する「休眠胚」を発見した。山口博士らは、長年収集した膨大なサンプルを基に研究を行い、ようやくこの事実を突き止めたのだ。サメ・エイ類の研究で最大の障害は、サンプル入手と生体観察の難しさにある。一般に、卵生種のサンプル入手は比較的容易であるが、母体依存型の胎生種は体サイズが大きく、飼育下での繁殖が難しく、さらに繁殖周期が長いため、サンプルの確保が困難である。また、希少種や深海性種が多く、サンプルの入手はかなりの偶然性を伴うため、短期的な研究計画を立てることが難しい。これらを解決するためには、サンプルの安定的確保が重要であり、水族館など大型の先進的飼育施設と技術開発が貢献する部分であろう。沖縄美ら海水族館では、世界に先駆けてマンタ（ナンヨウマンタ）の飼育下繁殖に成功し、多くの繁殖学的知見を得ることができたが、これは長年の飼育技術の蓄積と、生体を傷つけない「非侵襲型」のデータ取得方法の開発がもたらした成果である。さらに、ジンベエザメについても成熟から繁殖にいたる生理学的モニタリングを行い、将来の飼育下繁殖に向けた取り組みを行うことが、今の私たちの最大の目標である。

ジョーズの複雑な子育て方法 佐

前項では、サメの繁殖方法について概略を述べた。その中で、ホホジロザメが妊娠中にミルクを飲ませることについて紹介したが、もう少し詳しく解説しよう。ホホジロザメは、長い間〝卵食型〟の繁殖様式をもつことが知られていた。ホホジロザメの胎仔は、子宮内で成長するための栄養源として、母ザメが排卵する卵の詰まったカプセル（栄養卵）を大量に摂取し、子宮内で全長1m以上、体重20〜30kgにまで成長する。多い時は、10個体以上の仔を一度に妊娠するのだから、母ザメの負担は計り知れない。私は沖縄に来て、初めて妊娠したホホジロザメを観たのだが、最初はその大きさと胎仔のふしぎな形に大そう驚いたものである。この時は定説である〝卵食〟以外にホホジロザメの秘密が隠されているとは、正直思いもつかなかった。その秘密が明らかになったのは、2014年の2月のことであった。

その時、私は東京でとある会議に参加するため、出張中であった。ちょうど会議が始まったころ、沖縄から「ホホジロザメが混獲され死亡しているので、水族館で引き

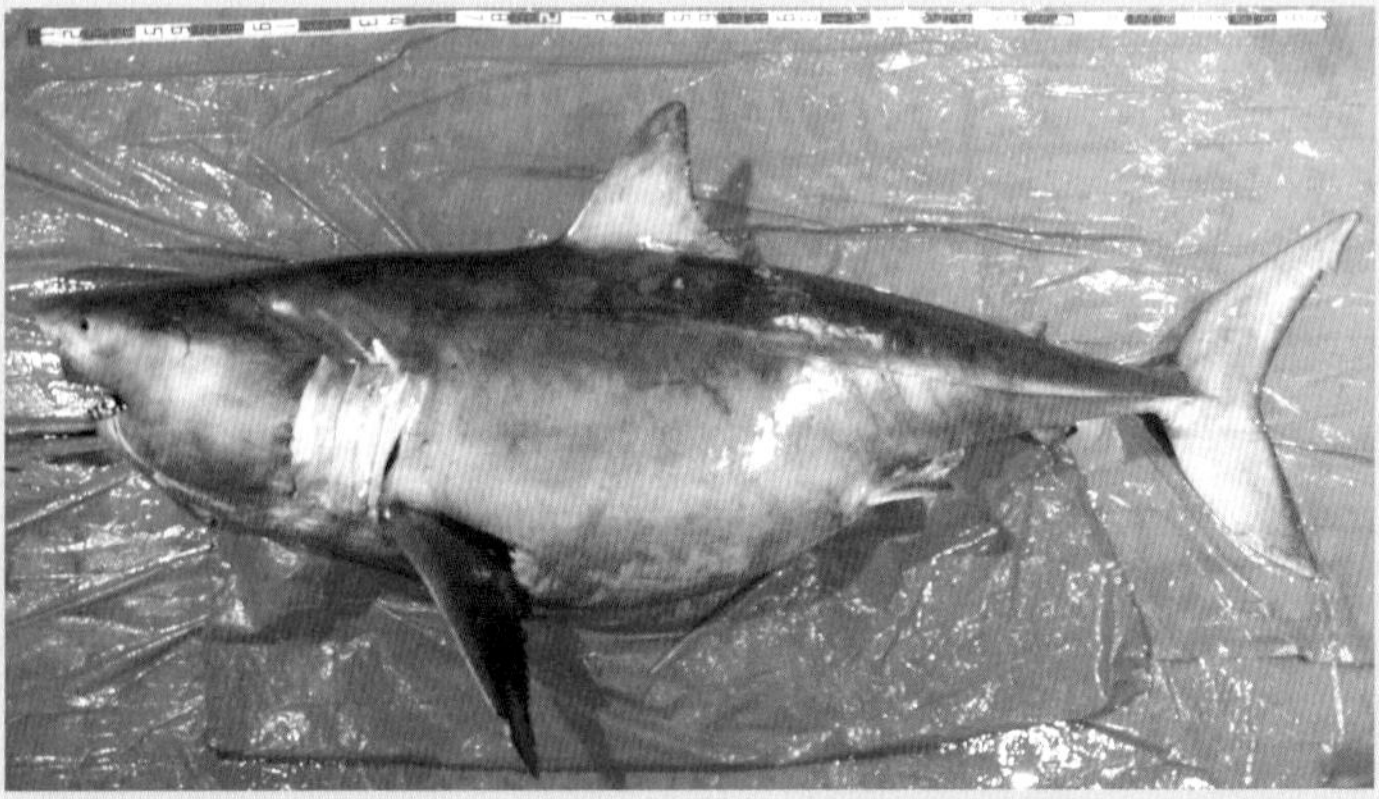
沖縄近海で混獲された妊娠ホホジロザメ（全長約5m、体重約2t）。写真提供：（一財）沖縄美ら島財団

取り解剖をすることになった」という連絡を受けた。私は、必要なサンプルの部位と保存方法について、予め沖縄美ら島財団の標本管理者である宮本圭氏にお願いし、会議に参加したのだった。夕方になり、会議も半ばに差し掛かったころ、宮本氏から再度電話があり「メスの妊娠したホホジロザメの中から白っぽいミルク臭の液体が大量に出てくる」という連絡を受けた。「よく分からないけど、とりあえず保存しておいてほしい」と言って会議に戻ったのだが……冷静になって改めて考えてみると、これはただ事ではないことに気づく。「もしかすると、脂質を多く含んだミルクではないか？」その考えが頭をかすめると、もう会議の内容は頭に入らなくなり、中座したまま電話をかけっぱなしの状態になった。「できる限りのサンプルと、組織標本を取っておいて欲しい」沖縄に

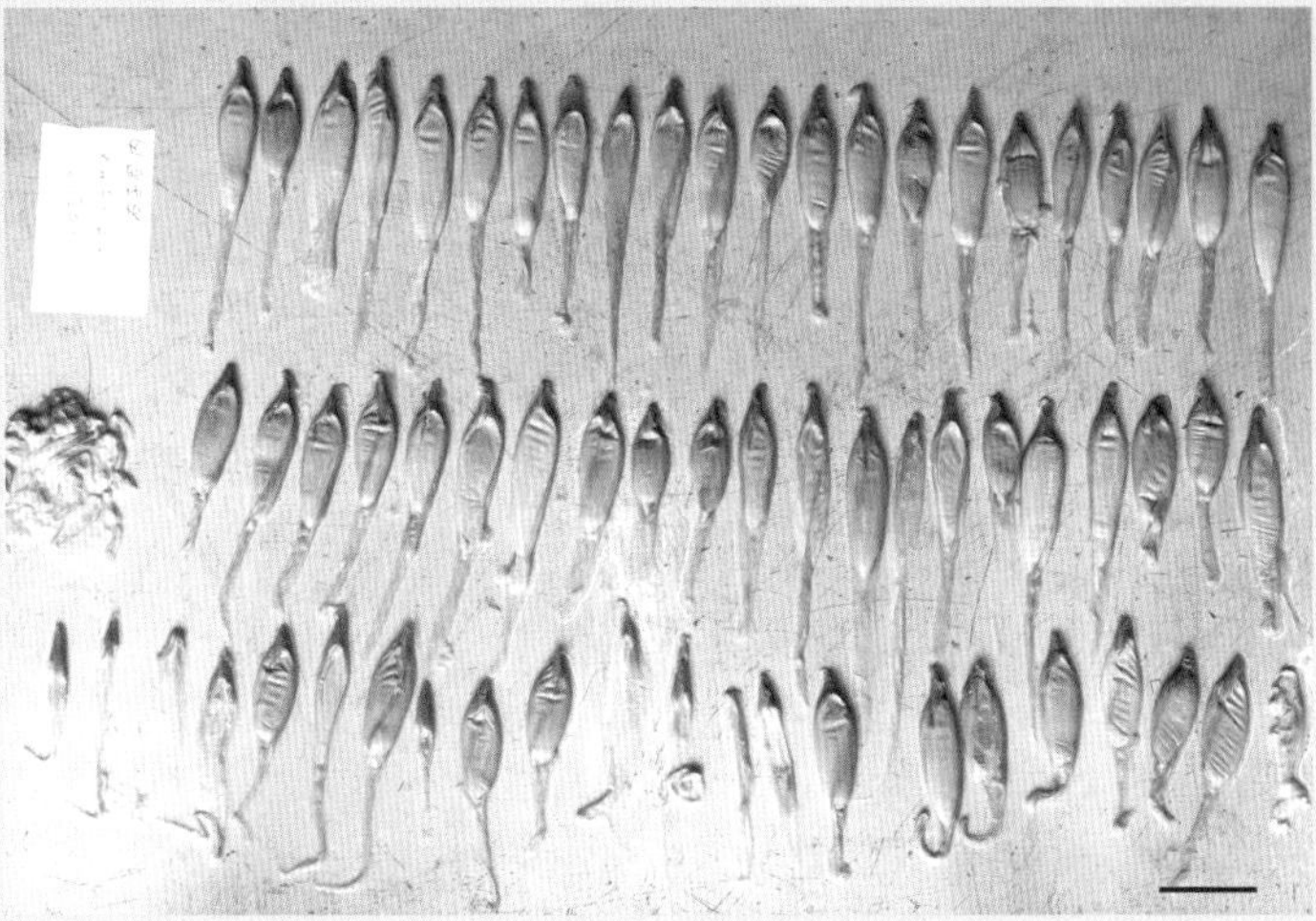

妊娠初期の子宮から発見された栄養卵（実際には数千個が排出されると思われる）。一つ一つのカプセルの中には、直径1cmに満たない小さな栄養卵が複数個収納されている。栄養卵は受精卵と大きさも異なっていると考えられる。写真提供：（一財）沖縄美ら島財団

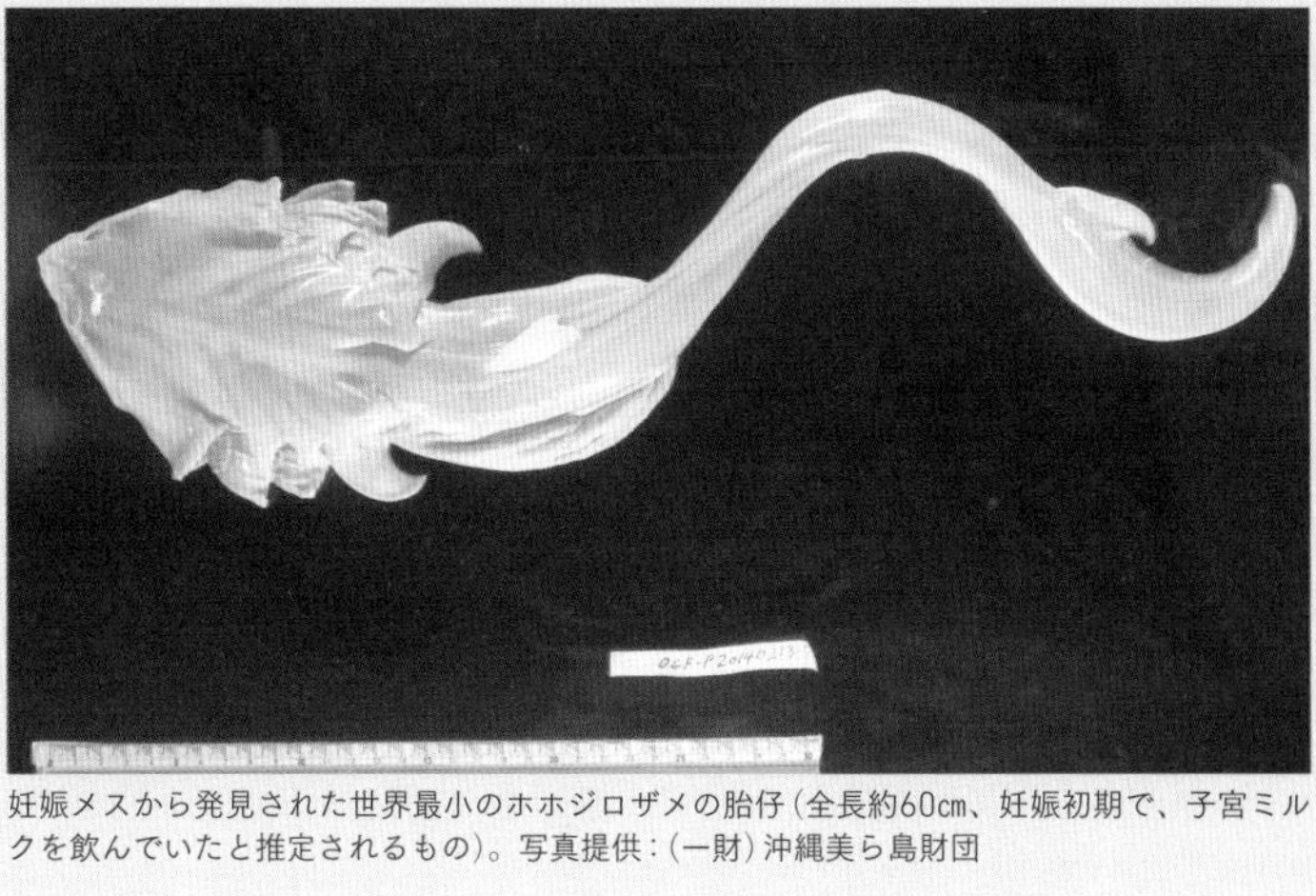

妊娠メスから発見された世界最小のホホジロザメの胎仔（全長約60cm、妊娠初期で、子宮ミルクを飲んでいたと推定されるもの）。写真提供：（一財）沖縄美ら島財団

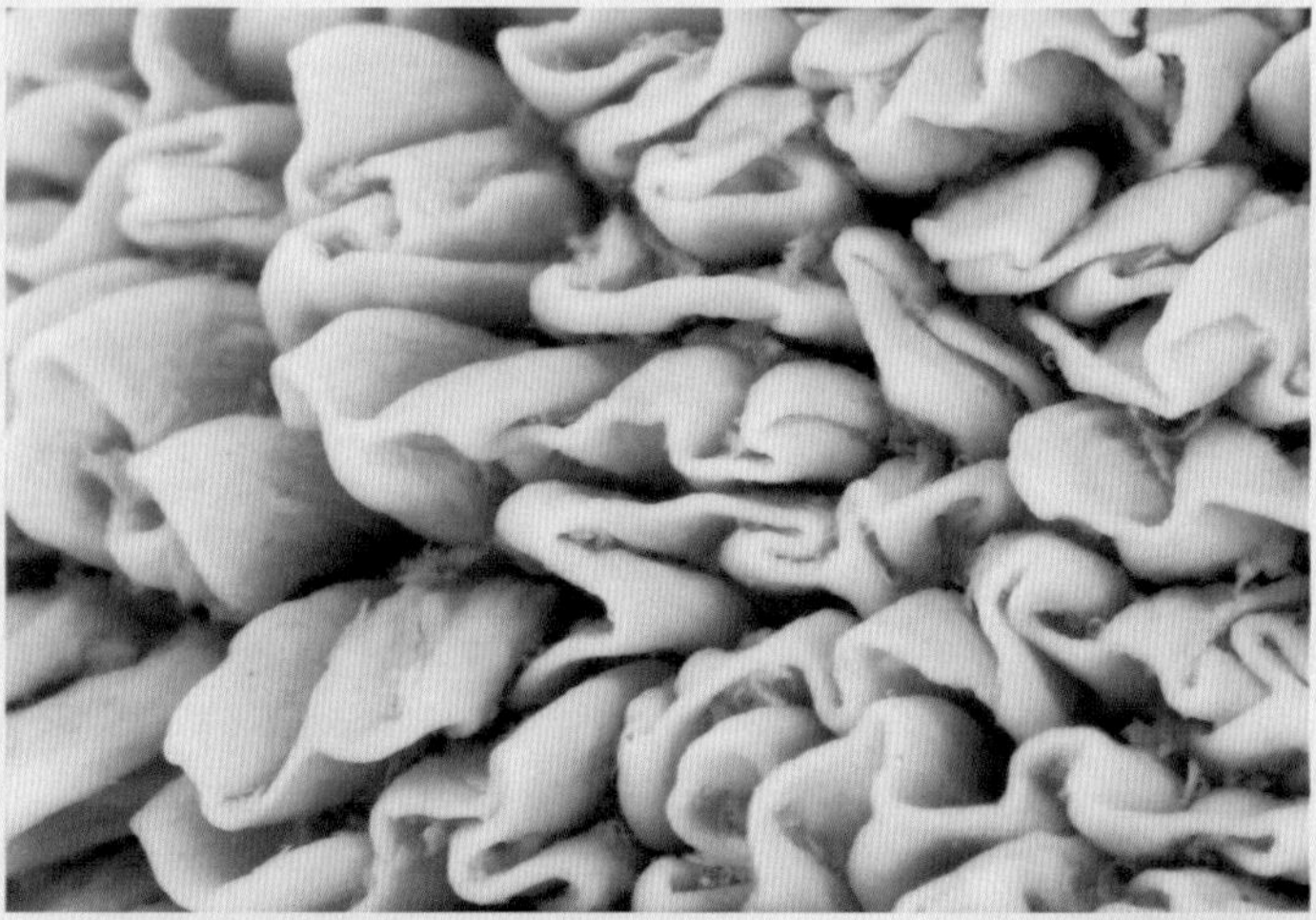

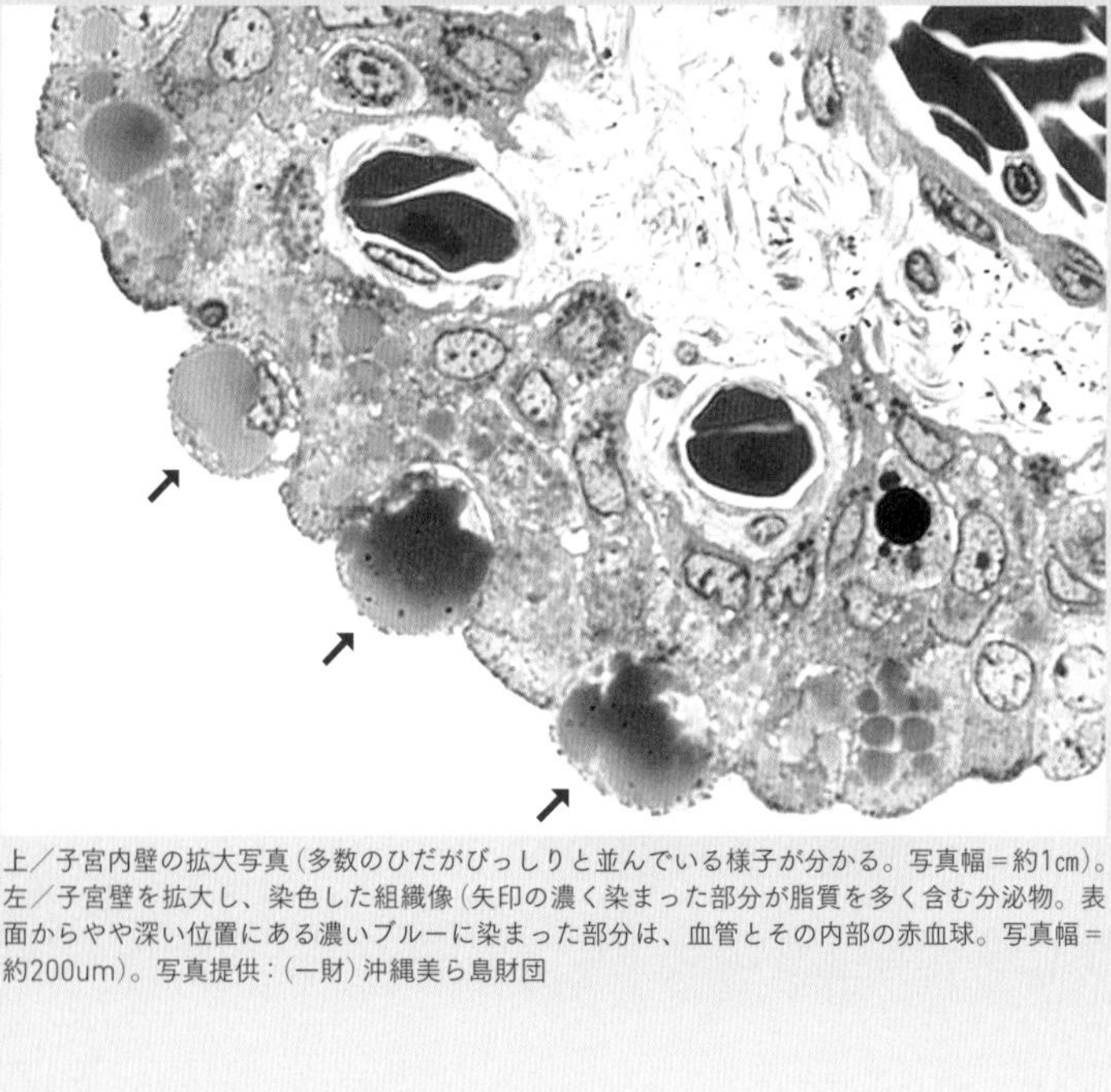

上／子宮内壁の拡大写真（多数のひだがびっしりと並んでいる様子が分かる。写真幅＝約1cm）。左／子宮壁を拡大し、染色した組織像（矢印の濃く染まった部分が脂質を多く含む分泌物。表面からやや深い位置にある濃いブルーに染まった部分は、血管とその内部の赤血球。写真幅＝約200um）。写真提供：（一財）沖縄美ら島財団

残っているスタッフを信じて、翌日に沖縄へ帰った。今思うと、美ら海のスタッフは突発的なサンプルの登場にも適切に、知識と経験を基に最大限の努力をしてくれていた。特に経験が豊富な水族館参与の戸田実氏、生殖生理学を専門とする沖縄美ら島財団研究センターの中村將博士には、その後多くの研究成果を生み出す貴重なサンプルを適切に処理していただいた。このようないくつかの幸運が重なって、私たちのホホジロザメ研究がはじまることになったのである。

この時以来、ホホジロザメには驚かされることばかりであった。まずは、子宮内に存在していた仔ザメは、巨大な鰓をもつエイリアンのような形態だったこと。これは今まで誰も見たことが無い、最小のホホジロ胎仔の記録となった。また、子宮内に推定100ℓ以上存在していたクリーム色の液体がどこから出てきたのか？という疑問も生じた。通常、サメの子宮内には胎仔が呼吸をするための液体が含まれている。その成分はおおよそ子宮の内壁から分泌されるのだが、ホホジロザメの子宮壁からこのクリーム色の液体が本当に分泌されているのか、組織を観察して確かめてみることにした。すると、ホホジロザメの子宮の表面が細かく入り組んだひだ状の構造をしていること、組織染色により子宮表面から活発に〝脂質〟を含む物質を分泌していることが明らかになった。この現象と全く同じものが、実はマンタなどのイトマキエイ類やアカエイ類に見られる。それらは、脂質組織栄養型（子宮ミルク型）とよばれているため、おそらくこの発見がサメ類では初となる子宮ミルクの分泌だろうと考えた。面白いことに、この子宮ミルクで満たされた子宮内で発見された胎仔は、成魚とは異なる形態の歯をもっており、少ないながらも栄養卵のカプセルも発見された。そこで、我々は、この個体はちょうどミルクを授乳する時期から卵食に移行する時期にあるのではないかという仮説にたどり着いた。実は、この現象を予言していた研究者がアメリカにいた。シロワニやネズミザメ類の繁殖について研究を行っていたグラント・ギルモア（Grant Gilmore）博士である。彼は、30年以上前に発表した論文中で、「おそらく、ホホジロザメなどのネズミザメ類には、卵黄を吸収する段階と卵食を行う段階との間に、別の栄養吸収を行う段階が存在する」と予言していた。残念ながら、彼自身はこの現象を確認することはできなかったのだが、私たちがギルモア博士の仮説を証明できたことは、宝物を発見したかのような嬉しい出来事であった。私たちがこの研究論文を公表したのち、冨田さんが米国の板鰓類学会に参加するため渡米した際、ギルモア博士の自宅を訪問し、直接彼に研究結果を報告することができた。そこで、冨田さんは大そうなおもてなしをうけ、貴重なデータやサンプルを提供してもらったそうである。一つの研究から得られた新たな発見が、時を遡り、思いもよらぬ素晴らしい出会いにつながった。研究者としてこれ以上の喜びはない。

さらに新たな発見は続いた。2016年には、卵食終了後の妊娠後期に相当する別の妊娠個体が得られたため、再度詳しく研究を行った。最も驚くべき発見は、妊娠初期に栄養分泌に特化していたはずの子宮壁の組織が、魚類の鰓に似たガス交換に特化した組織に変化していたのである。つまり、ホホジロザメは妊娠している間に、自分の子宮の構造を完全に変化させているということだ。冨田さんを中心として、この構造による酸素ガスの拡散モデルを評価したところ、十分な酸素を仔ザメに供給可能であることも明らかになった。こうして、ホホジロザメの子育てに関する謎が、少しずつ解明されつつある。しかし私たちはこれだけで研究を終わらせるつもりは全くない。この後の章でも冨田さんが述べると思うが、サメの子宮内の環境は未だ謎が多いブラックボックスだ。それを解明できれば、サメ研究だけでなく、水族館でのサメ飼育にとって大きな突破口が開かれることになるだろう。

更にその先には、私たちが現在取り組んでいる「サメの人工子宮」の開発、という目標があるのだ。

「赤ちゃんの共食い説」の真相 冨

2016年の夏。髭面に笑みをたたえて、その男は私を北米フロリダ州の自宅の一室に招き入れた。彼の名前はグラント・ギルモア（Grant Gilmore）。世界的に有名な魚類学者である。薄暗い部屋には、ところ狭しと本や書類が積まれている。彼は、ガラス張りの古い棚から一つの瓶を取り出す。アルコールで満たされたその瓶には、数㎝の魚体が沈んでいる。なるほど、これが赤ちゃんの共食いを「証明」した標本なのか。

サメの赤ちゃんが共食いをするという話を聞いたことはあるだろうか？　生まれたばかりの胎仔が兄弟を襲うなどという生やさしい話ではない。ネズミザメ類に属するサメの胎仔は、生まれるまでの間、子宮に同居する兄弟を栄養源にして成長するというのだ。専門的にはエンブリオ・ファジー（胎仔食《たいしぐ》い）と呼ばれている。にわかには信じがたい話だが、これは様々な媒体で繰り返し書かれ、サメの繁殖の多様さを示す例として広く知られている。

自宅にあるギルモア博士の研究室。撮影：冨田武照

この話は、もともと1980年代初頭に行われたシロワニという種類のサメの研究から生まれたものだ。ギルモア博士は、サメの繁殖に関する研究を行う過程で面白いことに気がついた。妊娠の過程で胎仔の総数が減っていくのだ。初めは母体中に8匹程度いる胎仔が、最後には2匹まで減っている。残りの6匹はどこに行ってしまったのか？　その答えは、兄弟の腹の中だと博士は考えた。そして、博士は胎仔をくまなく調査し、赤ちゃんの口の中に、小さい胎仔がすっぽりと入っている標本を発見した。ビンゴだ！　やはり、胎仔は共食いしているのだ。私がギルモア博士の自宅で見た標本。これこそ、赤ちゃんに食べられた赤ちゃんの標本であった。

兄弟を食べて赤ちゃんが成長する——実に面白い仮説だ。もし本当なら、このような奇妙な仕組みがなぜ進化したのか、是非とも解明したいところだ。だが、ちょっと待ってほしい。実は、この仮説は、一般に信じられ

ギルモア博士が研究したシロワニの胎仔の標本の一つ。撮影：宮本圭氏

ているほど盤石なものではない。まず、赤ちゃんに食べられた赤ちゃんが見つかった例が、あまりに少ない。シロワニ以外では、近縁なアオザメで一例が知られているだけである。ホホジロザメの胎仔も共食いするという話があるが、根拠はなさそうだ。もし、兄弟が重要な栄養源というのであれば、同様の例がもっと見つかっても良い気がする。もしかすると、胎仔同士の共食いというのは、極めて稀に起こる事故のようなもので、それを我々が日常的な現象だと勘違いしているのかもしれない。

さらに、この仮説を脅かすことになるかもしれない現象が、我々の水族館で発見された。オオテンジクザメの母体中の胎仔の様子を定期的に観察していた時のことだ。そこで、我々はあることに気がついた。子宮内の胎仔の数が減っていくではないか。最初は4匹いた胎仔が、3匹、2匹と減り、最終的には1匹となった。もしや共食いか？　しかし、それはあり得ない。胎仔の口は非常に小さく、兄弟を食べることはまず無理だろう。では、子宮の中からいなくなった胎仔は、どこに消えてしまったのか。なんということはない、彼らは水槽の中で無事に発見された。このサメは、3か月もの期間をかけて出産をするのだ。早くに生まれた赤ちゃんは、遅くに生まれた赤ちゃんより体が小さいが、両者とも正常に発育するようだ。シロワニで同じようなことが起こっていても不思議ではない。胎仔は一度に産まれるものだ、というのは我々の固定観念に過ぎない。

勘違いしないでほしいのだが、私は胎仔の共食い仮説を否定したいのではない。むしろ逆で、この魅力的な仮説が真実であってほしいと思っている。実は、証明のための秘策もあるのだが、おっと、それはまだ内緒だ。未解明の謎に、あれこれ思いを巡らせることほど心躍るものはない。謎は謎のうちが最も光り輝いている。あなたもそうは思わないか？

私が滞在していたフロリダ州立大学沿岸海洋研究所。撮影：冨田武照

胎仔《たいし》の呼吸をめぐるパラドクス 冨

心躍る探検の始まりが、必ずしも華々しいものとは限らない。ここでお話しするのは、まさにそんな私の体験談である。２０１５年、運良くフロリダ州立大学に研究員の席を得た私は、新たな生活をスタートさせたばかり。車は人生初の左ハンドル、家は大学宿舎での仮暮らしと、不安要素満載な走り出しだったが、充実した研究生活を送っていた。

そんな私が、密かに気になっているものがあった。研究室の隅に置かれた、カビだらけの白いバケツである。きっちりと蓋が閉められていて、中をうかがい知ることはできないが、中身を誰かが研究している様子はない。聞けば、２０１０年に起こったメキシコ湾原油流出事故による生態系への影響を見るため、深海ザメ調査を行なった時のものだという。中身を開けてみると、ホルマリンの刺激臭とともにツノザメの子宮がたくさん出てきた。ううむ。期待外れだな、というのが当時の率直な感想であった。

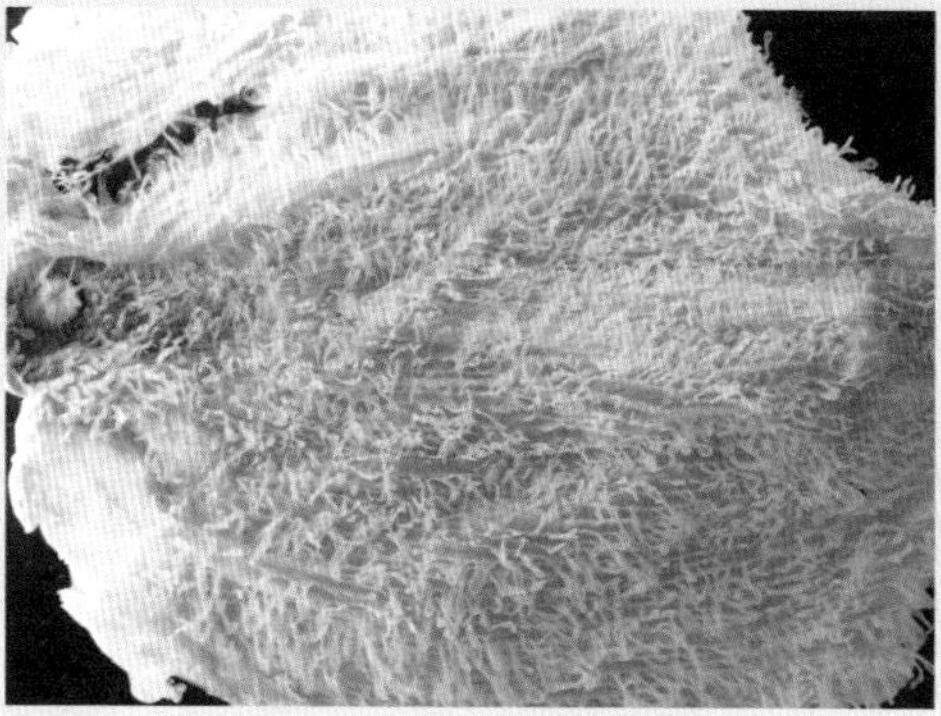
ツノザメの子宮の内壁。絨毯のように無数の毛で覆われている。
撮影：冨田武照

しかし、この標本を観察して気づいたことがあった。子宮の内側にびっしりと毛が生えているのだ。毛には血管が通っているようだ。ひょっとすると、この毛については深掘りする価値があるかもしれないぞ。そのわけを説明する前に、サメの胎仔への酸素供給の仕組みについてお話ししたい。母体と胎児が胎盤で直接つながっている哺乳類と異なり、ツノザメなど多くのサメの胎仔は、羊水にプカプカと浮かんでいる。そのため、胎仔は呼吸に必要な酸素を、周りの羊水から鰓を通じて取り込まなければならない。ここで問題となるのが、この羊水中の酸素はどこから来るのかということである。胎仔が使えば羊水中の酸素は無くなってしまうから、どこからか新たに供給されなければならな

ツノザメの胎仔。へその緒を通じて栄養を受け取る哺乳類と異なり、ツノザメは胎仔からぶら下がる卵黄嚢から栄養を吸収する（卵黄依存型胎生）。写真提供：（一財）沖縄美ら島財団

い。そう、子宮の内壁をびっしりと覆う毛こそ、酸素の供給源であると私は考えたのだ。

この説を立証するために、私の立てた作戦は単純だ。まず、毛に覆われた子宮表面の酸素供給能力を見積もろう。そして、その能力が胎仔の生存に十分であれば、子宮表面の毛が酸素の供給源だと言って良さそうである。私は顕微鏡で毛の長さや太さを一本一本計測し、簡単な物理式を使って、1秒間あたりの酸素供給量を計算してみた。結果は、私の予想を完全に裏切るものであった。どれだけ大きく見積もっても、子宮から供給される酸素は胎仔の酸素必要

量に遠く及ばなかったのである。

ツノザメ胎仔は、必ず子宮の中で窒息死する。これはパラドクスと言ってよい。どこかが間違っているはずだが、それがどこか分からない。酸素供給能力の見積もりにおいて、私が見落としている要素があるのかもしれない。あるいは、胎仔の酸素必要量が極端に少なくて、供給量が少なくても十分生きていけるのかもしれない。可能性は色々考えられるが、いずれも想像の域を出ていない。

ただ、一つ私が有力だと考えている仮説がある。実は、ツノザメをはじめとする数種のサメは、子宮の羊水を定期的に海水と入れ替えているという話があるのである。羊水の成分を調査すると、定期的に海水に似た組成になるというのがその根拠である。子宮内の環境が、完全に外界と隔絶されている我々としては驚くべき話だ。もしこの話が本当であれば、胎仔の酸素問題は完全に解決する。酸素がたっぷり溶け込んだ海水が、定期的に子宮の中に入ってくれれば、胎仔はその酸素を使って呼吸をすれば良いだろう。

さて、米国から帰国した私は、研究の場を水族館に移した。水槽の中には、妊娠中のツノザメが泳いでいる。今こそ、胎仔の酸素問題にもう一度向き合う時がきているのではないか？　白バケツから始まった研究は、今もなお進行中だ。

悩み多き胎仔のウンチ問題 富

食べたら出す。私たちは、一生のうちの約3年をトイレで過ごすという試算もあるから、排泄は人生の一部といって過言ではないだろう。口から飲み込まれた食物は、消化のプロセスにより、分子レベルにまで分解、吸収される。そして、消化しきれなかった残りカスが、糞便として排泄される。糞便の成分には様々なものが含まれ、水のほか、例えば胃や腸の死んだ細胞なども含まれる。胃や腸の表面は消化液によって自身が消化されないように、内壁の細胞を絶えず更新しているのだ。つまり、食事と排便は切っても切れない関係にあると言えるだろう。

ところが、サメやエイの中には、排便をしたくてもできない者たちがいる。それも数日ではない、数か月もの期間だ。その者たちとは、胎仔のことである。子宮の中で過ごす彼らにとって、排便は命に関わる危険行為である。排便により羊水がひどく汚染されてしまうと、羊水と様々な物質をやり取りしている胎仔は、直ちに命の危機に直面する。とりわけこの問題が深刻なのが、ホホジロザメなどのネズミザメ類、そし

沖縄美ら海水族館でナンヨウマンタが誕生した瞬間。胎生エイの新生児は、生後数日かけて、腸に溜め込んだ糞を排泄する。写真提供：海洋博公園・沖縄美ら海水族館

てマンタなどのトビエイ類の胎仔である。彼らの栄養摂取の方法は非常に特殊で、前者は、子宮内で無精卵を食べ、後者はミルクを飲んで成長することが知られている（116P「サメの奥深い繁殖方法」参照）。重要なことは、母体からへその緒を通して栄養を受け取る我々とは異なり、彼らが子宮内で大量に飲み食いするということである。当然、大量の糞便が生成されるはずだ。ところがこの糞便の行方については、ごく最近まで誰も気にしたことがなかった。

この問題に最初にスポットライトを当てたのは、当水族館の研究参与である中村將博士である。彼は、岡山大学助教の小林靖尚博士（現：近畿大学准教授）と共同で、トビエイ類に属するアカエイの胎仔の成長過

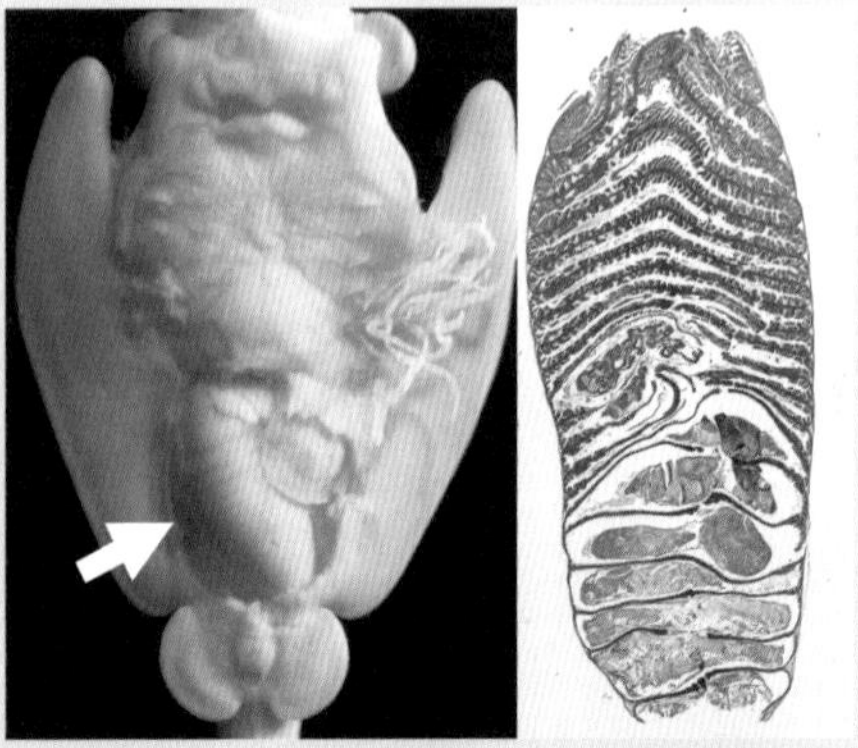

アカエイの胎仔の解剖標本。腹部には巨大な腸（矢印）が格納されている（左）。断面を見ると下半分に糞が詰まっている（右）。Tomita et al. (2020) より改変。

程を調べていた。その過程で、胎仔の腸の後ろ半分に大量の糞便が詰まっていることに気がついた。さらに、その後の研究でとんでもないことが明らかとなった。腸の出口が閉じており、完全に行き止まりになっているのだ。つまり、胎仔は排便したくても絶対にできないのである。腸の出口は出産直前に開き、出生後の排便に備えるようだ。

我々の追加調査により、さらに面白いことが分かった。それは腸のサイズである。胎仔の標本を、顕微鏡下で慎重に解剖すると、腹の中からぷっくりと膨れた俵型の腸が現れる。その大きさたるや、内臓の半分は腸であると言っても過言ではない。体全体に対する比率で比べれば、胎仔の腸は大人のそれの4倍から6倍にもなる。つまり、アカエイの胎仔は、糞便を貯めておくための巨大なタンクを体内に持っているのである。

以上の成果を、論文原稿にまとめている過程で、過去の論文に面白い記述を見つけた。当水族館の初代館長である内田詮三博士らが1996年に発表した、ホホジロザメの胎仔に関する研究である。論文には、「腸には緑色の糞が詰まっている」とはっきり書かれている。短い記述だが、意味するところは重要である。ホホジロザメの胎仔は、子宮の中で無精卵を食べて成長する。生成される糞便は、さぞかし大量だろう。彼らも、アカエイのように、糞を貯蔵する能力を持っていても不思議ではない。こうなると、他のサメやエイも気になってくるが、それは目下研究中である。

ちなみに、ヒトの胎児も似た仕組みを持っており、妊娠中に腸中に溜め込んだ糞便を胎便と呼ぶ。親御さんは記憶にあるかもしれないが、新生児が産後2日以内に排泄する、佃煮色のアレがそうだ。胎便は英語でメコニウムといい、ケシの葉から作られる麻薬であるメコンを語源とするらしい。胎便が最初に研究された古代ギリシャでは、胎便には胎児を母胎で眠らせておく役割があると考えられたのだという。当然、胎便に麻薬は含まれておらず、実際の成分は、水、死んだ細胞、口から吸い込んだ全身の毛などである。エイの胎仔が子宮内でミルクを飲むように、ヒトの胎児も羊水を飲むらしく、その未消化物もわずかながら含まれている。

2016年に開始したアカエイの研究は、紆余曲折を経て、2020年にようやく論文として発表された。私も、長年の便秘が解消されたような、晴れやかな気分であったことは言うまでもない。

サメはメスだけで子孫を残せるか？ 佐

サメは言うまでもなく脊椎動物の仲間だ。いわゆる高等動物は、ほとんどの場合オスとメスが存在し、有性生殖を行うというのが通説である。ところが、2007年に半信半疑な驚くべき報告があった。その主役はアメリカのネブラスカ州オマハ市にあるヘンリードーリー動物園・水族館で飼育されているウチワシュモクザメ。2001年から飼育されている3匹のメスのうち、一個体のメスから複数のサメが生まれたらしい。直ぐにアメリカの研究者たちに聞いたのだが、どうやら本当のことらしいとのこと。親子鑑定に用いられる、核DNAのマイクロサテライト領域を分析したところ、父親由来の遺伝子が含まれていないことが判明したのだ。

正直なことを言えば、我々は（我々だけでなく多くの研究者も同じだと思うが）当初かなりの疑いの目でレポートを見ていた気がする。実は、サメの多くはメスの体内に長期間精子を保持する（貯精）ことが可能で、オスとメスを分けて飼育しても当面の間は有性生殖が可能であると考えられている。実際に、サメの輸卵管（胎生種の場合は子宮となる）内に休眠状態の精子塊が発見されることもあり、サメのメスは長期間オスと交接せずに産卵、妊娠することができるのだ。過去の実験によると、メスのみで飼育したサメの水槽で、数か月～1年間にわたりサメが産卵、孵化していたという報告や、そのほか多くの事例が知られている。このように、サメが長期間産卵や出産により仔ザメを産み続けられるのは、貯精によるものと考えられていたのだが、もし単為生殖が起こっていたとすれば貯精期間に関する過去の常識は、その信ぴょう性も含めて、怪しいものになるだろう。

では、何故サメでは単為生殖が可能になっているのだろうか？　これまでに報告された単為生殖の事例を見ると、卵生のサメだけではなく、シュモクザメのように胎盤を形成する胎生種まで共通してみられる現象であることが分かる。ただ、現状では飼育して検証ができるサメが限られており、ほとんどのサメでは検証が難しいのだろう。サメ以外の動物に目を向けると、サメの兄弟であるエイ類でも確認されているし、魚類、爬虫類などの脊椎動物、昆虫類を含めるとかなり多くの動物群で広くみられる現象である。ただし、単為生殖といっても様々な様式があり、動物群ごとに異なっているのである。サメの単為生殖の場合、オートミクシス*という方法により発生が進行すると考えられている。ちなみに、オートミクシスの単為生殖の場合、仔ザメは完全なクローンというわけではない。

もう一つ面白い事実として、オーストラリアの水族館での事例を紹介したい。長期間にわたり飼育されていたメスのトラフザメから生まれた子の遺伝子を調べたところ、オスと同居していた時に出産した卵から生まれた個体はオスの遺伝子を受け継いでいたが、オスを隔離した後に生まれた仔ザメは単為生殖によって発生したことが明らかとなった。つまり、「オスがいる時は有性的に繁殖を行い、メスだけになると無性生殖を始める」というものだ。また、ドイツ人のサメ研究者で現ベルゲン大学博物館のニコラス・シュトラウベ（Nicolas Straube）博士によると、彼らは飼育下での単為生殖により生まれたイヌザメが、さらに単為生殖を行って無事に次世代を残したことを明らかにしたのだ。いわゆる、単為生殖による累代繁殖が起こっているという。我々はこれまで、サメの繁殖を研究するためオスとメスの同居飼育にこだわってきた側面がある。もしかするとメスのサメを一人ぼっちにすれば単為生殖で繁殖するかも？と考えると、何とも複雑な気分になる。サメは長い歴史を勝ち残って生きてきた仲間であるが、何となくその理由が理解できるような気がしてならない。

＊＝卵を形成する過程で減数分裂を行った後に、半数体の卵子（核相n）が極体（n）と融合する等により核相が2倍体（2n）に回復するもの。

サメの不倫は常識？ 佐

ちまたでは新型コロナウイルスの話題でもちきりの昨今、芸能界やスポーツ界は不倫のスクープ報道が絶えないようだ。ちなみに、我々著者二人にとっては、不倫などとは全く縁がないと言い切ることができるのだが……（念のため冨田さんにも口頭で確認済みである）。ちなみに、サメの世界に関しては、不倫など当たり前（そもそも結婚などという概念がない）なのだ。

サメのオスとメスは、多くの場合とても疎遠な関係だ。オスはメスと長時間生活を共にすることは無いし、オスの育児参加など皆無である。だから、ほとんどのサメの種において、成熟したオスとメスが出会い触れ合う機会は、交尾の時だけと考えてよい。一部の種を除いてサメには繁殖期があり、春から夏にかけてオスが交尾行動を行うものが多い。サメの繁殖様式は多様であることは先のトピックで述べたが、メスは通常1年～数年という長い繁殖周期をもっている。だから、オスの発情がメスの繁殖周期に同期することは、その種を維持していく上でとても重要なことだ。多くの場合

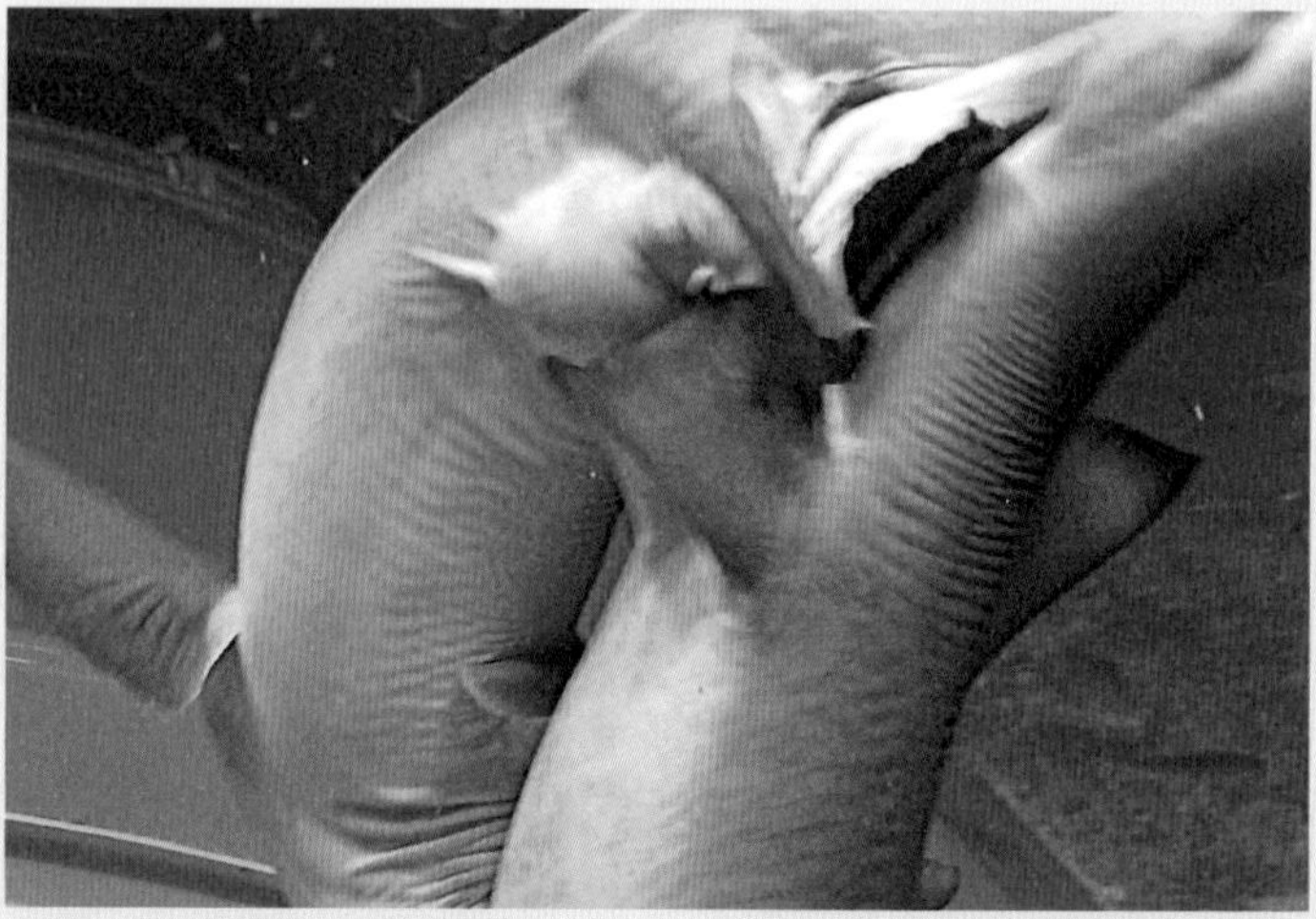

オオテンジクザメの交尾（沖縄美ら海水族館内にて撮影）。オス（左）がメスの胸鰭に噛みつき、交尾器をメス（右）の総排泄孔から子宮内に挿入している。オスの腹鰭付近の膨らみは、サイフォンサックと呼ばれ、射精時に海水を勢いよく噴射する機能を担う。写真提供：海洋博公園・沖縄美ら海水族館

は、春・夏・秋・冬の日照時間や、温度、エサ環境などの変化により、体内のホルモン濃度が変化し生殖に関わる組織だけでなく、生殖行動も制御されている。

ここまでの話で、サメの繁殖時期に関して疑問に思う人が居たら、なかなかの兵《つわもの》である。一つ考えていただきたいのだが、ジンベエザメやホホジロザメなど、世界の海を大回遊するサメは、回遊によって北に行ったり南へ行ったりと、様々な海洋環境の海を旅をしている。そんなサメは、どのように季節を感じ、どこで雌雄が出会い、タイミングよく交尾を行っているのだろうか？　皆さんには申し訳ない話だが、

その疑問については誰も明確には答えられない。ただし、少しずつではあるが謎が解けそうな兆しが見えているのも事実である。

例えば、ホホジロザメやジンベエザメなど、サメ界のカリスマたちは世界の海を股にかけている。最近、特に成熟したメスのホホジロザメやジンベエザメが、季節的に回遊してくるホットスポットが見つかっているのだ。ホホジロザメについては、特に寒い冬場の沖縄やハワイなど比較的温暖な海域、ジンベエザメについては7月〜9月にかけてのガラパゴス諸島近海である。ガラパゴスのジンベエザメ国際調査チームに参加している、沖縄美ら海水族館の松本瑠偉博士によると、この時期のガラパゴス諸島では10mを超える巨大なジンベエザメのメスが毎日のように必ず出現するが、オスはほとんど出現しないようだ。多分、長距離回遊を行うサメたちは、成熟すると1年のほとんどをオスとメスが分かれて過ごし、特定の時期に特定の場所で出会って交尾を行っていると考えるのが妥当だろう。もう一つ面白い話を紹介したいと思う。沖縄美ら海水族館では、飼育されているほとんどのサメたちの繁殖行動を見ることができるのだが、比較的定住性が高く沿岸域に見られるサメでは、オスのメスに対する興味もあっさりしていて、オスは一度交尾を済ませた後はメスに強い関心を示さない傾向がある。一方、季節回遊性の高いジンベエザメやマンタ（エイだが）などは、オスのメスに対する執着がとても強く、ある意味ストーカーのようにも見える。あくまでも推測であるが、もしかすると雌雄の出会いの確率とメスに対する執着の強さには、関連性があるのかもしれない。

話が少しずれてしまったが、サメは不倫するか？という問いにもどりたい。これまで述べたように、サメのオスがメスに関心を示すのが交尾の時期だけであることを考えれば、お気に入りのメスに対する関心も一瞬で消え去ってしまうだろう。サメにはそもそも人間のような社会的な常識なるものが無いのだから、不倫も何も自由、好き勝手で構わないのだ。ヒトの場合は、オスに問題がある場合が多いように感じるが、サメはメスも同じだ。その証拠に、妊娠したサメから生まれてくる仔ザメを調べると、一度の出産でも複数のオスの遺伝子が混じっていることが多くのサメで証明されている。これは、サメの多くが多産であることや、貯精との関連があるのだろう。人間界では不倫はご法度のようではあるが、生物学的には多様な遺伝子を持つ子孫を残すことが子孫の生存確率を上げることにもつながる。生態系の頂点に立ち、もともと現存する数が限られているサメが、様々な環境変化などを乗り越えて今まで生き延びてきた知恵が、こんなところに隠されているのかもしれない。はたして、人間もこのままで良いのだろうか？

4章 サメとヒトの深い関係

縄文時代のサメの歯コレクター 冨

人との出会いが、私を未知の世界にいざなってくれることがある。飄々とした風貌のその男の名前は鈴木素行。サメの顎標本の調査のため何度か水族館に来訪したが、彼は生物学の研究者ではない。実は、ひたちなか市埋蔵文化財調査センターに所属する、考古学の研究者である。彼は本業の傍、日本全国の縄文時代の遺跡から出土するサメの歯を調査しているという異色の人物だ。鈴木氏に出会うまで、縄文遺跡からサメの歯が発見されるということすら、私は知らなかった。

新潟県の堂《どう》の貝塚から出土した、ある人骨の例を見てみよう。この人物は壮年から熟年の男性と見られ、足を折りたたんだ状態で埋葬されていた。着目すべきは、その胸の周辺から一本のイタチザメの歯が発見されたことだ。この歯根部分には、3つの穴が開けられていた。おそらく、埋葬時に胸飾りとして身につけていたのだろう。鈴木氏の2018年の論文によれば、このように加工の痕跡のあるサメの歯は、日本各地の縄文遺跡からたくさん発見されているという。その多くで、歯根部分に一つから

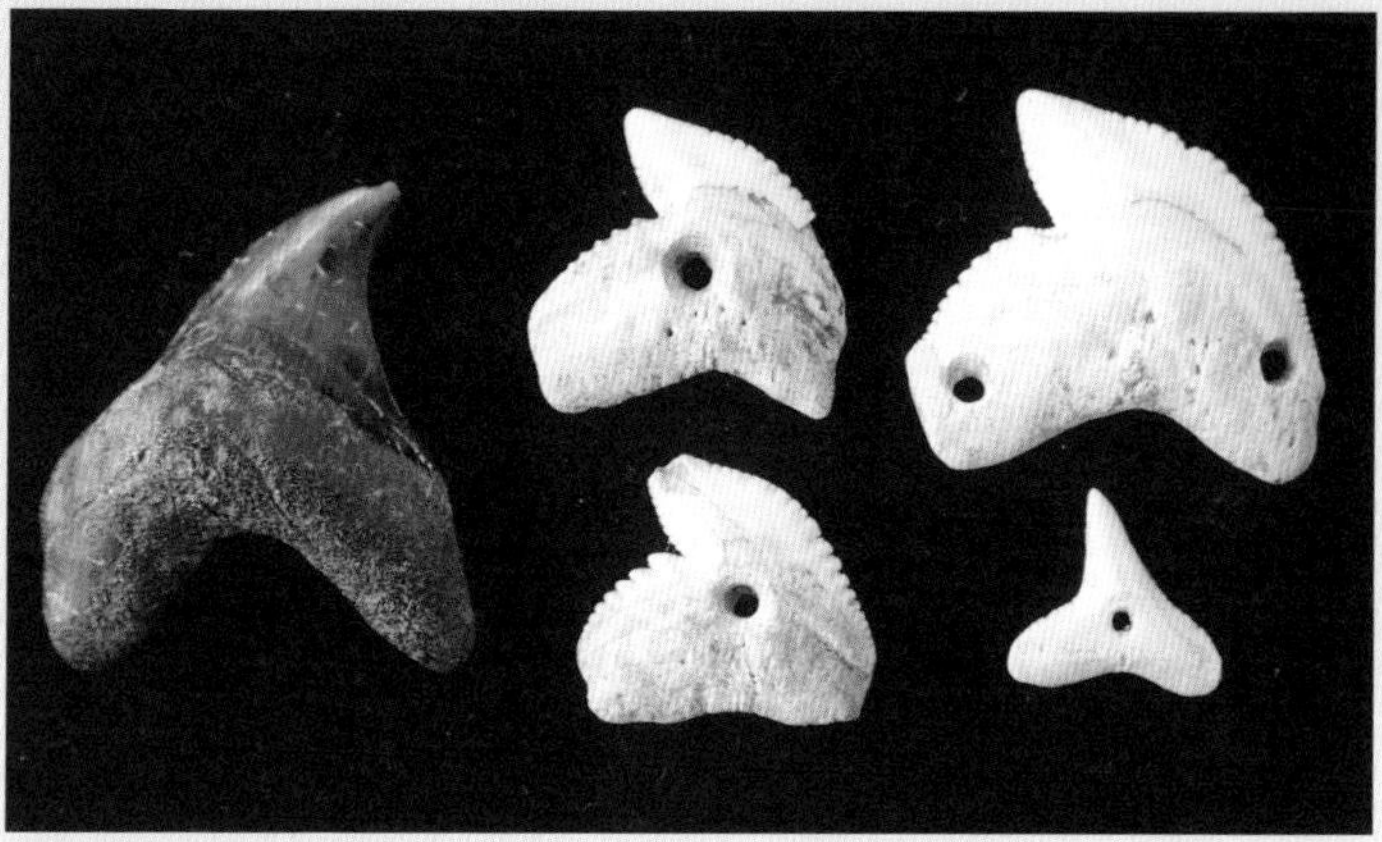

沖縄の縄文遺跡から発掘されたサメの歯。多くは穴が空けられている。左は化石種。所蔵：沖縄県立埋蔵文化財センター

3つの穴が開けられている。手の込んだものでは、2本のアオザメの歯を縦に削って組み合わせ、1本のホホジロザメの歯のように仕立てたものも発見されている。埋葬女性の両耳付近から、一対のサメの歯が出土していることから、イヤリングとして利用されることもあったらしい。鉄器のなかった当時、硬いサメの歯に小さい穴を開けるのは至難の技であっただろう。

これだけでも十分面白いのだが、特に私の興味を引いたのは、これらのサメの歯の一部は、縄文時代にすでに化石だった可能性があるということだ。もしそうなら、縄文人は日本最古の化石コレクターだったということになる。この仮説の最大の根拠は、出土したサメの歯に化石種が混じっていることだ。例えば、北海道から沖縄までの8遺跡から、360万年前に絶滅したはずのメガロドンの歯が発見されている。ちなみに、青森県の鯵ヶ沢《あじがさわ》遺跡で発掘されたメガロドンは、1972年に鶴見大学の後藤仁敏博士によって、最古の「日本人によるサメの歯の発見」として報告されている。メガロドンだけではない。少なくとも、あと2種の化石種が確認されており、縄文時代の人々がサメの歯の化石を採集・利用していたことは、ほぼ間違いないように思える。学生時代に古代ザメの研究をしていた私の目から見ても、化石を思わせる出土品が多いのは確かだ。

縄文人が化石コレクターであったことをほのめかす証拠はまだある。それは、サメの歯そっくりに貝や石を加工して作られた模造品が発見されていることである。イタチザメやホホジロザメを模倣したと思われるものが多く、サイズや全体の形だけでなく、これらの種に特徴的な歯の縁にあるギザギザが忠実に再現されているものまである。重要なことは、これらの模造品が、本物のサメの歯の加工品と一緒に出土することだ。

これがなぜ、縄文人の化石採集の証拠になるのか? サメの歯を使ってイヤリングを作ることを想像してほしい。左右の耳に一つずつ、合計2本のサメの歯が必要となる。もし、これらの歯を当時生きていたサメから採取するのであれば、同時に2本を手に入れるのは容易だ。なぜなら、一尾のサメから数十本の歯が入手できるからだ。ところが、イヤリングを化石から作っていた場合、状況はかなり異なる。同じ大きさ、同じ種のサメの歯を、たまたま2本同時に地層から発見できる可能性はかなり低かっただろう。そこで、手っ取り早く、ペアの片方を模造品で代用していたのではないだろうか。もちろん、想像の域を出るものではないが、全くありえない話ではないと思う。

沖縄の縄文遺跡から発見された、サメの歯の模造品。シャコガイの殻を加工したものと思われる。所蔵：沖縄県立博物館・美術館

縄文人がサメの歯の化石を採集し、装飾として利用していたというのは、ロマン溢れる仮説である。年代測定など、様々な研究分野からの検証が待たれるところだ。もともと白かったサメの歯は、化石になるまでの長い年月で、海水や海底の堆積物から様々な成分を吸収し、青や黄といった宝石のように美しい色を帯びる。縄文人も、このの歯に美を見出していたのだろうか。サメの歯を通じて、数千年も前に生きた人たちの心のうちに共感できるのだとしたら、なんと素晴らしいことだろう。

とても大事な〝サメとヒトとのソーシャルディスタンス〟 佐

サメの本を書いている以上は、サメとヒトとの関係性について述べておかねばなるまい。人の活動が活発になり、海のレジャーの機会が増加すると、サメとの接触が増加する。これはシャークアタックの問題を引き起こす原因となる。また、世の中の消費活動が高まり、サメ資源の利用機会が広がることで、フカヒレ等サメの消費は増える。その結果起こる問題が、サメ資源の減少や動物倫理の問題であろう。

もしかすると、日本に住んでいるとあまり意識する機会がないかもしれないが、欧米ではサメがイルカやクジラと同等の〝カリスマ動物〟となりつつある。カリスマ動物とは、海洋生物に限定して例えると、クジラ・イルカ、ウミガメ、サメ、マグロなど、大型で環境保全の象徴となり得るようなカリスマ性のある動物種を指す。環境保全のシンボルとして、それらを活用することに関して問題とは思わないが、カリスマ動物は一般に漁業者との摩擦や、特有の食文化を持つ国々に対するネガティブキャンペーンに発展する傾向がある。これは、動物の研究者にも無縁ではない大きな問題だ。

例えば、カリスマ動物の致死的な研究、あるいは飼育を伴う研究に対する反対運動、それらを扱った研究論文の掲載を認めない科学雑誌の登場など、多岐にわたって影響を受け始めている。もちろん、さまざまなカリスマ動物を飼育する水族館・動物園にとっても重大な問題で、欧米ではイルカの飼育禁止や、動物に対する接触を禁ずる法律など、かなり過激で科学的根拠を欠いた考え方も散見されつつある。とはいえ、私たちは動物の命を預かる水族館の職員として、動物の命を大切に守り、人間が生態系の中でどう生きていくのか？という大きな問題を、科学という客観的な判断基準に基づいて世の中に提起し、解決に導く責任があると考えている。

近年、サメは国際自然保護連合（IUCN）のレッドデータに毎年数種がノミネートされる常連となっている。カナダ・サイモンフレーザー大学のニコラス・ダルビー（Nicholas Dulvy）博士らのグループは、2021年『ネイチャー』誌に掲載されたレポートにおいて、1970年以降いくつかの外洋性サメ・エイ類の資源量が約70パーセント減少したと推定した。確かに、ヨゴレなどの外洋性サメ類は、近年めっきり見なくなった実感もあるように思う。私自身は、科学的データに基づく資源評価によって保護対象種をリストアップし、優先的に保護策を講じていくことは当然だと思っている。ただ、サメの資源評価は難しく、生物学的な情報も限られていることから、資源量を客観的に評価する

漁獲されたシュモクザメの胃から見つかった内容物の数々。イカや魚類の破片に交じって、プラスチック袋や漁具が見られる。サメの生命を脅かすのは、人間による捕獲だけではない。近年では、海洋ゴミによるサメの誤嚥（ごえん）が増加し、大型サメ類にとっての脅威となっている。写真提供：海洋博公園・沖縄美ら海水族館

というのは簡単ではない。また、トッププレデター（頂点捕食者）であるサメ資源を増やすには、生態系全体を包括的に保護する考え方を取らないと、他の生物とのバランスを欠いてしまう。単にカリスマ動物だけを護ればよいという話ではない。人間が生きていく以上、何をするにも生態系の一部を利用することは避けては通れない。だからこそ、研究者は生態系とその構成員である生物種の多様性を理解し、正しい知識の普及・教育を行い、将来にわたり持続的な社会をつくることに貢献しなければならないと思う。我々水族館や博物館の職員は、そのための大きな役割を担うべきではないだろうか。

世界の国々では大型サメ類の保護に力を注ぐ一方で、シャークアタックの増加によるサメ保護への反発が生じている事例もある。オーストラリアでは、かなり徹底した大型サメ類の保護政策が取られているものの、近年ではシャークアタックも一時的に増加することがある。そこで、被害を止めるためにサメの駆除が行われ、次は保護を求める側から駆除に対する反対運動が発生する……といったスパイラルにはまってしまう。サメの保護と被害がどの程度相関しているのかは今のところ明らかでないが、10～20年単位の長期トレンドを見ると、被害増加の最も大きな要因は海でのレジャー人口の増加（特にサーフィンなど）によるものと思われる。サメの捕獲禁止など保護政策的な要因も考えられなくはないが、２０１９年の統計データ（International Shark Attack File：

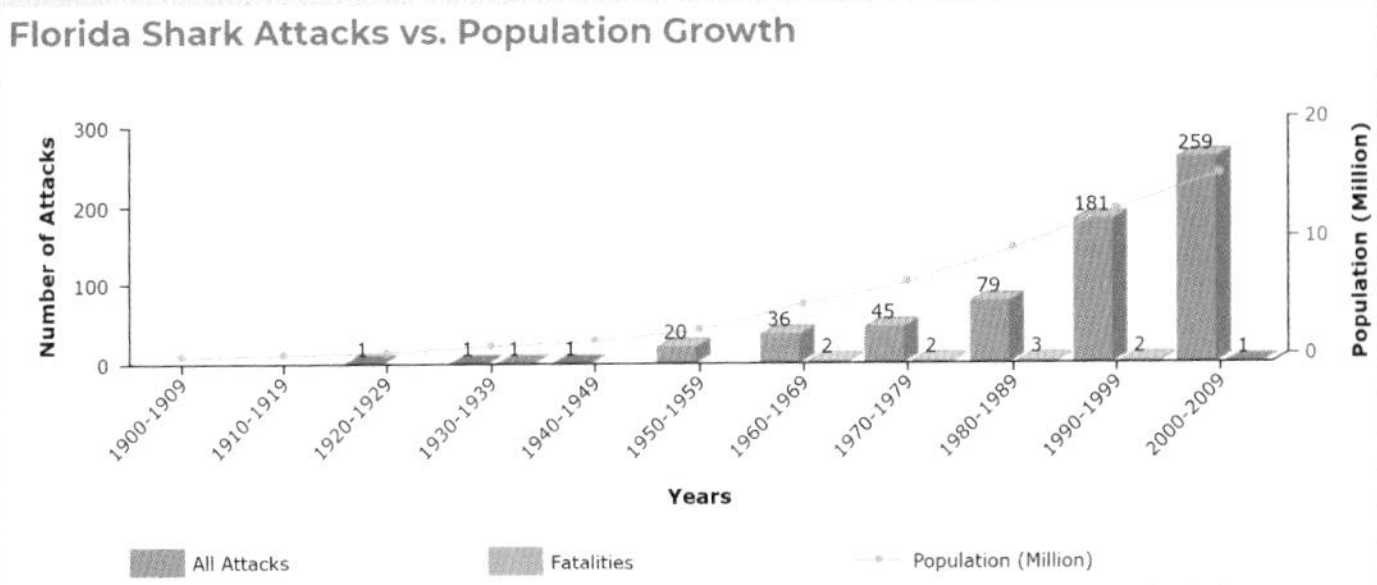

アメリカ・フロリダ州におけるシャークアタックと人口の増加の関係性。人口増加に伴って、サメが要因となる事故が増加している様子が分かる。棒グラフ青：シャークアタックの総数、オレンジ：致死的な事故件数、緑線：人口（単位：百万）
原図はFlorida Museum of Natural History / International Shark Attack Fileのウェブページより転載。

ＩＳＡＦ）によると、サメの攻撃に起因するシャークアタックの件数は全世界で64件、そのうち死者は世界で二人であるから、他の事故要因と比較して決して多くなく、保護政策により急増しているとまでは言えないだろう。もう一つ、サメの被害報告が増えている要因として、インターネットと携帯電話の普及を挙げたい。特にＳＮＳなどのメディアが一般的になった今、サメの被害や事故が発生しネット上に掲載されると、即座に世界へ情報が拡散する。昔であれば知り得なかった情報を、たちまち世界中が知ることになるのだから、情報量は比較できないほど多くなる。面白いことに、日本でもダイオウイカやリュウグウノツカイが捕獲されると、一斉に日本中に情報が広がり、各地から同じような情報が連続して発出されるという現象が見られるのだ。私がもつ印象として、どこかでサメの事故があると、数日後にまた別の地域で事故発生、という情報が入ってくることが多い気がする。おそらく、一つのニュースが注目されることにより、同じような事例が注目されて情報が発掘されるのだろう。台湾のサメ研究者に聞いた事例だが、ある年にメガマウスザメが台湾で捕獲された際、メディアで報道がなされた直後の10日間で、なんと5件のメガマウス捕獲が各地から報告されたことがあったそうだ。そんなわけで、サメの個体数と被害件数は単純に比例しているのではなく、様々な要因が重なり合っていると想像する。

サメに対する考え方や理解は、国や地域によって様々である。このような問題には正解がないのだろうが、一つ言いたいことは、サメも我々と同じ地球をすみかにしている動物であり、もともと個体数も限られているのだから、無意味な殺戮やゲームの対象とすべきではないということだ。かつて、アメリカではホホジロザメがゲームフィッシングの対象となり、数が激減したという先例がある。もともと、人間はサメのすみかに進出した側なのだから、サメとの適切な付き合い方、いわゆるソーシャルディスタンスを守ることが求められると思う。私たちが提案するサメの被害を防ぐ方法の基本は、まず❶サメとの距離を保つこと、次に❷サメを誘引しないこと、最終手段として❸万が一大型のサメが接近した場合はサメの弱点を突くこと、である。❶と❷を適切に遵守しながら海を楽しむ方法＝「適切なインストラクターの指導のもと複数人で行う海のレジャー」と考えていただければ良いと思う。例えば、安全対策が施された海水浴場で遊ぶことや、インストラクターと一緒にダイビングを行うことは、サメによるリスクがきわめて低いと思われる。一方で、海の沖合を一人で楽しむこと（サーフィン・沖合での遊泳・生物の採捕など）は、危険性を高めてしまう。❸サメと遭遇した場合の対処法については、これまでに出版された書籍や、フロリダ大学のジョージ・バージェス（George Burgess）博士が作成した国際サメ被害報告（International Shark Attack File:ISAF）のウェブページを参照されると良いと思う。概してサメは外部からの刺激に対して比較的敏感で繊細な動物なので、突発的な外部刺激に対して驚いて逃げていく場合が多い。とは言え、海の中で巨大なホホジロザメが背後から接近してきた場合には回避が難しく、撃退することはそう簡単ではないはずだ。やはり、サメと一定の距離を取ることや、一人で海に入らないなど、監視の目を多くしておくことが基本中の基本だろう。それが適切な〝ヒトとサメとのソーシャルディスタンス〟の考え方だ。

ISAFを設立した米国フロリダ大学のジョージ・バージェス博士（右から2番目）。写真左端から、米国NOAAのサメ研究者ホセ・カストロ博士、佐藤（著者）、写真右端は北海道大学名誉教授の仲谷一宏博士。サメ研究者には、自由奔放でおおらかな性格の持ち主が多い？という印象がある（佐藤談）。撮影：冨田武照

研究者の調査風景 〜現場に出向くことの大切さ （冨）

「あ、おはようございます」午前3時のホテルのロビー。別部屋に宿泊している同僚の野津了博士と合流して、漁港に向かう。彼はサメの繁殖システムを研究する魚類生理学の専門家だ。ホテルを出ると、刺すような寒さに、沖縄で緩み切った肌が引き締まる。二人とも目覚めて1時間ほどしか経っていないから、会話は少なめだ。我々が、サメの調査のため宮城県・気仙沼漁港に足繁く通うようになって、2年目の冬を迎えていた。

所定の手続きを済ませて、漁港に入る。すでにネズミザメの水揚げが始まっている。水揚げされた数十尾のサメは、頭の方向を揃えて並べられ、2〜3人のサメ解体職人の手で内臓が処理される。うっとりと見とれてしまうほどの包丁さばきだ。たった数回、包丁を動かすだけで、全長1・5m以上もあるサメから内臓が美しく取り除かれていくのだ。大変な作業のはずだが、彼らはそれをいとも簡単にやってのける。最小の力で魚体に刃先が入る角度を正確に把握しているのだ。取り除かれた内臓は、別の

気仙沼魚市場の前景。この奥で毎朝多くの海産物が水揚げされる。一番活気づくのは早朝で、日中は落ち着きを取り戻す。写真提供：気仙沼 海の市 シャークミュージアム

スタッフが所定の場所に素早く集めていく。彼らの周囲を、何台ものフォークリフトが縦横無尽に走り回り、水揚げしたばかりのサメを運び込み、あるいは処理を終えたサメを運び去る。これらのサメは、漁港の外で切り身やすり身など様々に加工されて、余す所なく利用される。こうした漁港での作業は、黙々と、しかし見事な連携で進行している。これが、彼らにとって何百回、何千回とほぼ毎日繰り返されてきた日常なのだ。

この日常が、完全に失われてしまったことがある。2011年3月11日の東日本大震災だ。マグニチュード9.0という、日本観測史上最大の地震が気仙沼の人々を襲った。強烈な揺れの後、高さ

12mの津波が押し寄せ、街を飲み込んだ。漁港は屋上を除いて水に沈み、冷蔵・冷凍施設は破壊された。地盤沈下も深刻だった。最大で74㎝も沈んだそうだ。漁港のほとんどの場所で、船の接岸ができなくなった。本来の機能を失った気仙沼漁港は、しかし人命救助の要としての役割を果たした。震災の約1週間後、気仙沼漁協に所属するマグロ延縄船により、気仙沼市に医薬品や食料といった支援物資が届けられた。

私たち二人は震災前の気仙沼漁港を知らない。しかし、その被害の大きさは想像に難くない。漁港周辺は、現在も空き地が目立つ。以前には建物が立ち並んでいたはずなのだ。震災から、はや10年が経とうとしているが、気仙沼のサメ漁業はまだ復興の途上にある。2019年、新たな魚市場が始動した。しかし、サメ漁業の復興には漁港自体の復旧もさることがなら、加工や流通といった様々な業種の復興が不可欠である。それらが簡単でないことは容易に想像できる。気仙沼漁港に隣接する「海の市・シャークミュージアム」には、気仙沼の海産物や加工食品の販売のほか、サメ漁業や震災について学ぶことができる素晴らしい展示がある。ぜひ立ち寄ってみることをお勧めしたい。

さて、場面はサメの水揚げまっただ中の気仙沼漁港に戻る。野津博士と私は、サメ解体職人たちの作業を遠巻きにじっと見つめている。今は、あまりウロチョロ歩き回らないことが肝心だ。我々の不用意な行動で、彼らの作業の調和を乱すわけにはいかない。何より、背後から忍び寄るフォークリフトに轢かれてしまったら大変だ。

我々のお目当ては、妊娠しているネズミザメのメスだ。目的の一つは、本書でも紹介したホホジロザメの授乳仮説を検証することである。滅多に標本の得られないホホジロザメの代わりに、近縁で漁獲対象種であるネズミザメを調べてみようという作戦だ。内臓が取り除かれたタイミングでそそくさと近づき、「これ、調べさせてください！」と内臓をもらい受ける。この時ばかりは我々も必死だ。解剖バサミで子宮や卵巣を切り分け、必要な研究試料を採取する。手早く、しかし慎重に。何も言わなくても、一人がハサミを使っている間に、もう一人が試料を入れるためのプラスチック袋を持ってくる程度の連携はできている。ありがたいことに、このようなことを続けているうちに、「やあ、また来たかい」「今回はいつまでいるの？」と、漁港で働く方々から声をかけてもらえるようになった。今では、漁港で知った顔を見つけると親戚のおじさんに会ったような安心感を覚える。彼らが沖縄にいらっしゃることがあれば、我々は全力で日頃のお礼をさせていただく所存である。さて、こうして入手した研究試料は、鮮度良く沖縄に送り届ける必要がある。この時ほど魚港町の便利さを実感する時はない。漁港から徒歩圏内のいつもの箱屋さんで、いつものサイズの発泡スチロール箱を購入し、い

気仙沼魚市場に隣接する観光特産施設「気仙沼 海の市」。施設2階にあるシャークミュージアムはサメの生物学のみならず、サメ漁や震災復興についても学べる異色の博物館だ。名誉館長はサメの研究で有名な仲谷一宏博士。写真提供：気仙沼 海の市 シャークミュージアム

つもの宅配便で沖縄に送る。送り状の品名は、もちろん「鮮魚」だ。

気づけば朝の6時半をまわっている。空がうっすらと明るくなり、遠くの山々が見え始めた。サメの水揚げはすでに終了し、今は清掃作業が行われている。カモメたちが集まりだし、漁港が少し賑やかになってきた。よくよく考えれば、我々も漁港のおこぼれに与かっているのだから、このカモメたちと大差ないかもしれない。今日も十分な成果が得られた。心地よい疲労感とともに、空腹が襲ってくる。さて、ホテルに戻って、いつもの美味しい朝食にありつくとしよう。

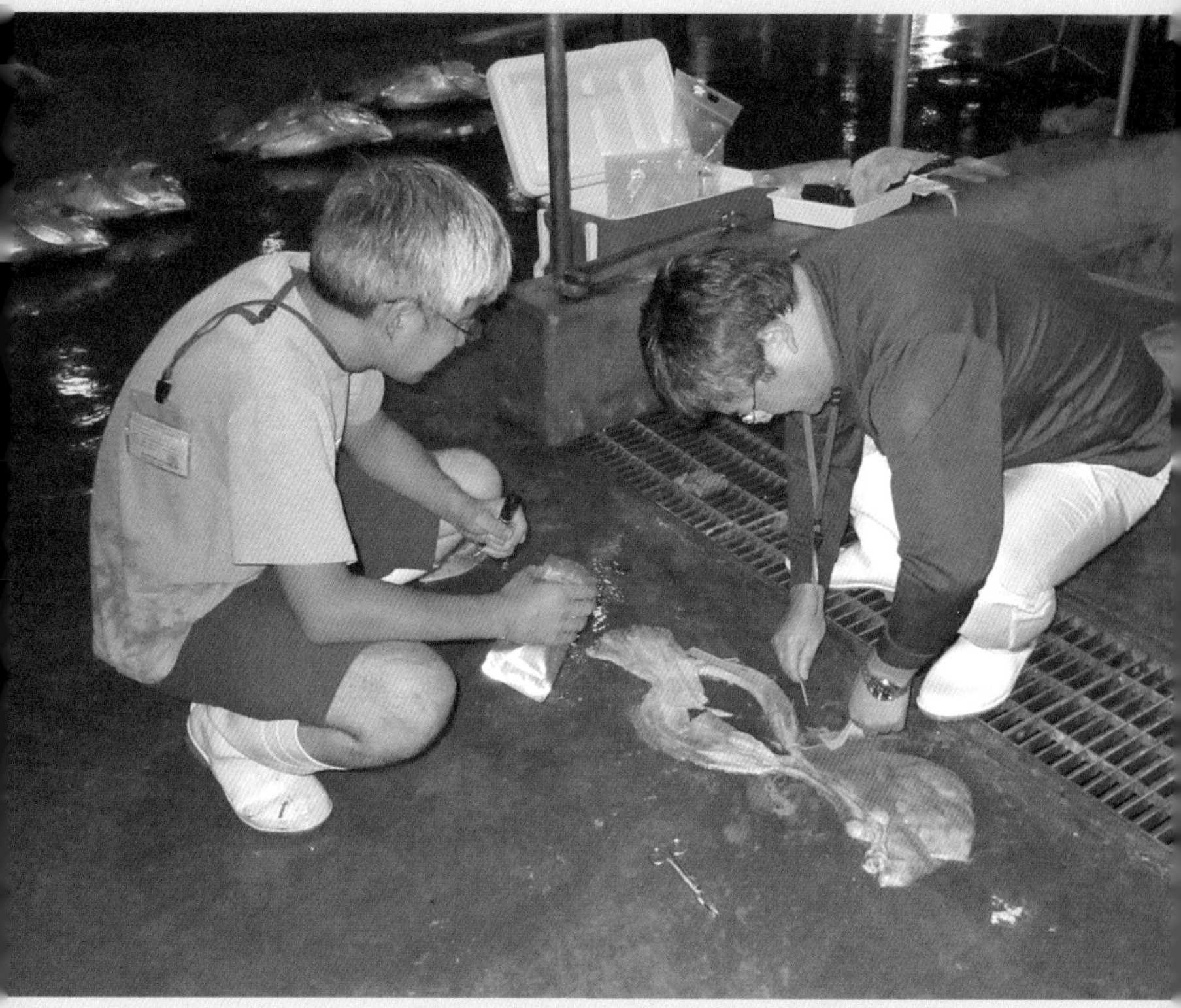

気仙沼漁港にてネズミザメの子宮の調査をする著者二人（右：佐藤、左：冨田）。写真は2017年の調査時のもの。撮影：仲谷一宏博士

あるサメ研究者のジレンマ ～サメ研究を目指す人へ 佐冨

２０１８年10月、一編の論文が世に旅立った。テーマはジンベエザメの心臓。沖縄美ら海水族館にて撮影したＣＴ画像をもとに、心臓の内部構造を徹底的に観察し、先人たちが気づかなかった解剖学的な特徴を精緻に記述している。この論文の最大の功績は、その内部構造に哺乳類の心臓に似た左右非対称性を見出したことだと思う。論文の著者は平崎裕二博士。穏やかでありながら意思の強そうなその印象は、彼の「本業」と関係があるかもしれない。そう、彼は現役の医師なのである。彼は、ジンベエザメの心臓にヒトの心臓を重ね合わせていたに違いない。

沖縄美ら海水族館には、日本内外の研究者が多数出入りしている。そんな方々と仕事をしているなかで、一つ気づいたことがある。サメに関する新発見は、サメの専門家ではなく、平崎博士を始めとする他分野のプロフェッショナルによってもたらされることがとても多いのだ。サメの淡水適応を解明した兵藤晋博士、ジンベエザメのゲノムを解読した工樂樹洋博士、サメの発光メカニズムを解明したジェロム・マレ

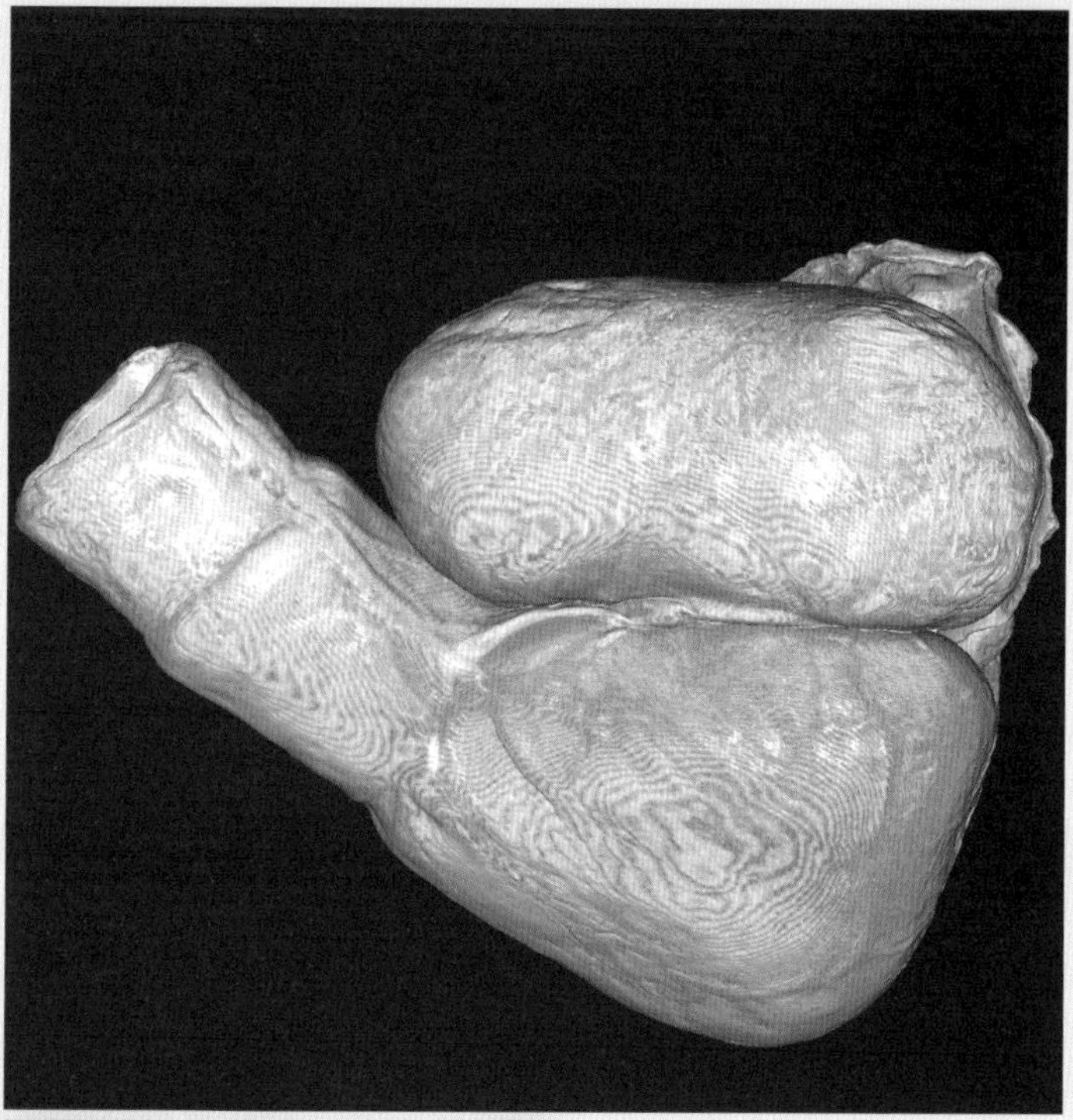

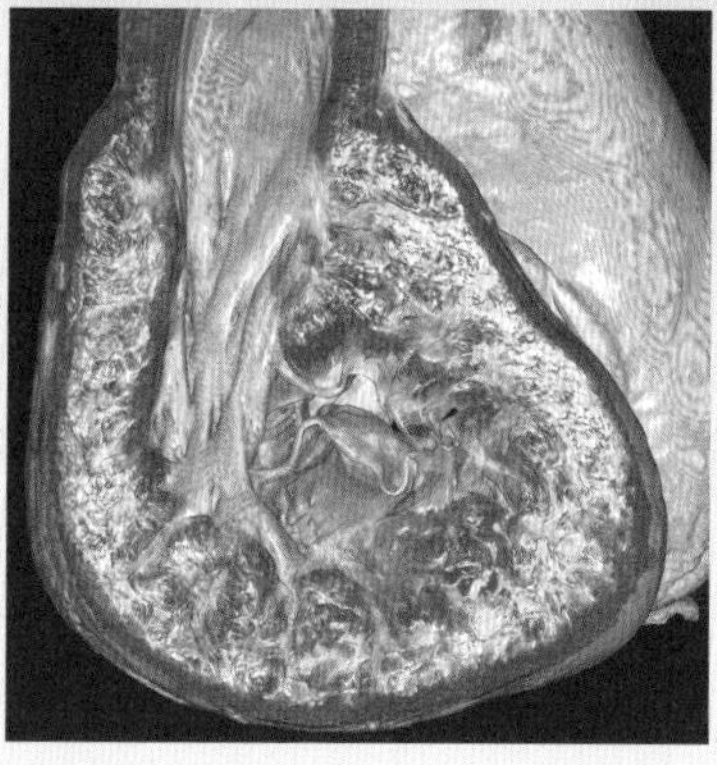

上／ジンベエザメの心臓のCTスキャン像。提供：平崎裕二博士
左／デジタル処理によって「解剖」した、心室の内部構造。提供：平崎裕二博士

フェット博士、サメの胎盤やマンタの子宮壁の機能を解明した相馬廣明博士。挙げればきりがないが、彼らはいわゆる「サメ学者」ではない。それは水族館スタッフでも同じこと。新発見の立役者は、看護師の村雲清美氏、そして戸田実氏を筆頭とした飼育チームである。

独創的な研究は、若い時期になされることが多いと言われる。これは、ひとえに専門分野の常識から自由であることと関係していると思う。研究者にとって、専門知識の乏しさは、不利になることでも、（断じて！）恥ずべきことでもない。むしろ、目前の現象を、虚心坦懐に捉える上で強力な武器になる。他分野の研究者が、サメについて独創的な研究をなし得るのは、まさに同じ理由だろう。一つの対象を研究し続けると、あっという間に先人たちが遺した知識の海に溺れ、柔軟な発想を失ってしまう。サメの専門家と呼ばれるようになって久しい私たちも、「サメを研究するには、サメのことを知り過ぎた」というジレンマとの戦いの中にある。将来サメの研究をしたいと思っている若い方々に、我々ができるアドバイスが仮にあるとすれば、二度と手に入らない大切な時期をサメ以外のことに費やしてほしいということだ。

未来のサメ研究者の皆さんに朗報だ。解明されていないサメの謎は、まだ十分に残っている。我々人類は、サメについてほとんど分かっちゃいない。解明されたと思われていることの真偽さえ怪しいものだ。研究は真理の探究と言われるが、何が真理で何が真理でないか、研究している当事者には曖昧模糊としたものでしかない。本書の著者の一人である冨田は、米国留学中にお世話になった教員から、論文中で「fact（事実）」という言葉を使うな、「evidence（証拠）」か「observation（観察）」という言葉を使えと教えられた。事実は目指すものであって、決して手の届かないものだということだ。定説というのは、多くの研究者が事実と信じている仮説のことであるが、それがいとも簡単に覆ってしまうことは本書で見てきた通りだ。我々は真偽の狭間で揺られている小舟のようなものだ。

サメの世界の奥深さを考えると、サメの研究者は信じられないほど少ない。サメを研究対象としている研究機関も同じくらい少ない。効率重視、利益重視の社会が追及されていくと、長期間にわたり費用や人的コストがかかるサメ研究は、大学や国の研究機関から排除されやすい。しかし、本当にヒトや経済に役に立つ研究ばかりを優先して良いものだろうか？　私たち動物学を研究してきた者にとって、研究を推進する原動力は、「好奇心」の一言に尽きる。そして、いきものに対する好奇心を売り物として成り立つ事業の一つが、水族館であり博物館なのだろう。それを失ったら、水族館として役割を終えるに等しいのではないか。私たちが科学を追求し、沖縄美ら海水族館が様々な分野の研究者が集まる場になれば、さらにサメに対する不思議な現象が発見できるうえ、多様な視点や手法によってサメの真の姿に迫ることができるのではないか。

サメを知るために、たった一人で完結できる研究課題はほとんど無い。一人の研究者が生涯で研究できることは限られている。本書を読んで、サメに興味を持ってくださった方々、サメ研究者を目指す学生の皆さんには、是非、水族館に来て、自分の心の中にある「好奇心」を再発見していただきたい。サメ研究の世界は、皆さんの多様な視点を欲している。

著者対談　魅力的なサメ研究とは？

佐　今回の執筆を振り返って、サメ研究の魅力や、これからの研究の方向性などについて議論したいと思います。冨田さんは古生物学からこの世界に入ったわけですが、現生の〃生きた〃サメを研究する面白さはどんな所にありますか？　冨田さんが最初に美ら海に来た時は、確か東大の修士課程に在学して、バリバリの古生物を研究していたと思いますが……当時は、まさか我々と同じ「生きたサメ」の世界に踏み込んでくるとは想像していませんでした。

冨　それは私自身が一番驚いています（笑）。当時の私は、化石の比較対象として現生のサメを見ていましたから。ただ、現生種について知れば知るほど、比較となるべき現生種に関する常識があやしく思えてきて、いつのまにか現生種の研究にのめりこんでしまいました。現生種の生態の多様性を学生のころの私は過少評価していたと思います。日頃サメを調べていると、本当に頻繁に教科書の例外が見つかりますよね。そういう意味では、佐藤さんのホホジロザメの授乳仮説なんかは研究していて面白かったのではないですか？

佐　確かに百聞は一見に如かずで、当たり前だと思っていることに謎が隠されている例は、サメの場合多いような気がしますね。卵食型とか、胎盤型とか、聞いて理解できているつもりでも、よく考えてみるととんでもない不思議が見つかりますから。私もまさか、ホホジロザメがこんな複雑で精巧な繁殖様式を持っているとは思っていませんでした。そう考えると、生きているサメを直に観察できるというのは、研究する上ではものすごく大きなアドバンテージですよ。冨田さんはアメリカで研究していましたが、アメリカでも化石から現生、さらに飼育下での研究までカバーする研究者はほとんどいないのでは？

佐藤圭一
大学時代に偶然出会った「サメ」の世界に迷い込み、沖縄にたどり着く。水族館を通して様々な生物・人々・研究・好奇心と出会い、「一期一会の大切さ」を実感する毎日を過ごしている。

冨　ほとんど、というか全くいないと思います。本来、現生種であろうと化石種であろうと同じ「動物」ですので、垣根なく両方とも研究してみたいという欲求はあります。この本にたくさん書きましたが、近年の傾向として、現生種の研究から推定されていたサメの進化のストーリーが、新たな化石の発見によって否定されるという事例を良く目にします。どちらがより重要ということではなく、化石種と現生種のデータを公平に見る姿勢がとても重要な気がしています。佐藤さんは大学でヘラザメの系統進化の研究をしていたと思います。ある意味、進化プロセスを研究していたという点で私と共通していると思いますが、今の研究に活きていることはありますか？

佐　私は解剖学という動物学の基本中の基本に触ることができたので、その点では非常にラッキーだったと思ってい

冨田武照
恐竜博士の夢を真っすぐに追いかけた少年が、なぜかサメ博士になりました。娘（3歳）が「お父さんはジンベエザメのお勉強してるんだー」と言っているのを見ると頑張らねばと思います。

ます。今の世の中、動物の解剖学は古い学問と見られ最先端の研究方法ではないかもしれません。しかし、動物を調べるためには、上手に体を観察できた方が良いに決まっているし、意外とまともに解剖できる人は少ないですよね。特に今の欧米では本当に少ない。そういう点で、私の特技を活かして何か面白いサメを解剖してみたいですね。特に、妊娠したネズミザメ目のサメ、特にミツクリとかメガマウスザメの成熟メスに興味がありますね。一体どんな繁殖の仕方をするのか。冨田さんが今一番調べてみたいサメは何ですか？

冨　解剖学が重要だというのは同感です。私がＣＴスキャンなどの先端技術を駆使して明らかにした構造について、新発見とばかりに論文原稿を書いていたら、１８００年代のドイツ人がすでに論文にしていましたからね。惨敗ですよ。ミツクリザメの繁殖は私も気になります。現生のネズミザメ目のサメの中で最も原始的と言われていますからね。ミツクリザメを調べることで、ホホジロザメのような複雑な繁殖の仕組みがどのように進化してきたか分かったら最高です。私が調べたいのは、子供のジンベエザメですね。ジンベエザメは大人になったら巨大ですけど、小さい時期があるわけで。子供がどのような生態をしているのか、大人とどんな違いがあるのか是非調べてみたい。彼らの巨大化のヒントが隠されているかもしれません。めちゃくちゃレアですから、まずは水族館で繁殖させないといけないかもしれませんね。佐藤さんは地味でもいいから、ちょっと気になる、ちょっと調べてみたいというサメはいますか？

佐　私は二つ興味があって、一つ目はカラスザメ属など発光する深海ザメの仲間です。サメの発光も様々な機能があるようですし、それを受容する視覚も調べなければなりません。我々は、深海生物をある程度飼育するツールがあるので、あとはデータをどう取るかでしょう。やはり、詳細を解明するにはゲノムを調べる必要はありそうです。二つ目の気になるサメは、ほとんどの研究者も知らないサメです。仲谷先生が和名を付けているのですが、シンカイイモリザメ* *Parmaturus melanobranchus* という深海ザメです。これは本当に謎が深いサメです。実は、このサメが普通でないと気づいたのは、ニュージーランドの国立博物館で標本を探している時でした。たまたま見つけたイモリザメによく似たサメだったのですが、頭を触った時の感触が違うことに気づきました。それこそ、解剖学の知識が役に立ったのですが、よく調べるとイモリザメ属とは

＊＝和名は『Sharks サメ――海の王者たち――』（仲谷一宏）より参照。

沖縄美ら海水族館が開発した重力式加圧水槽。写真提供：海洋博公園・沖縄美ら海水族館。

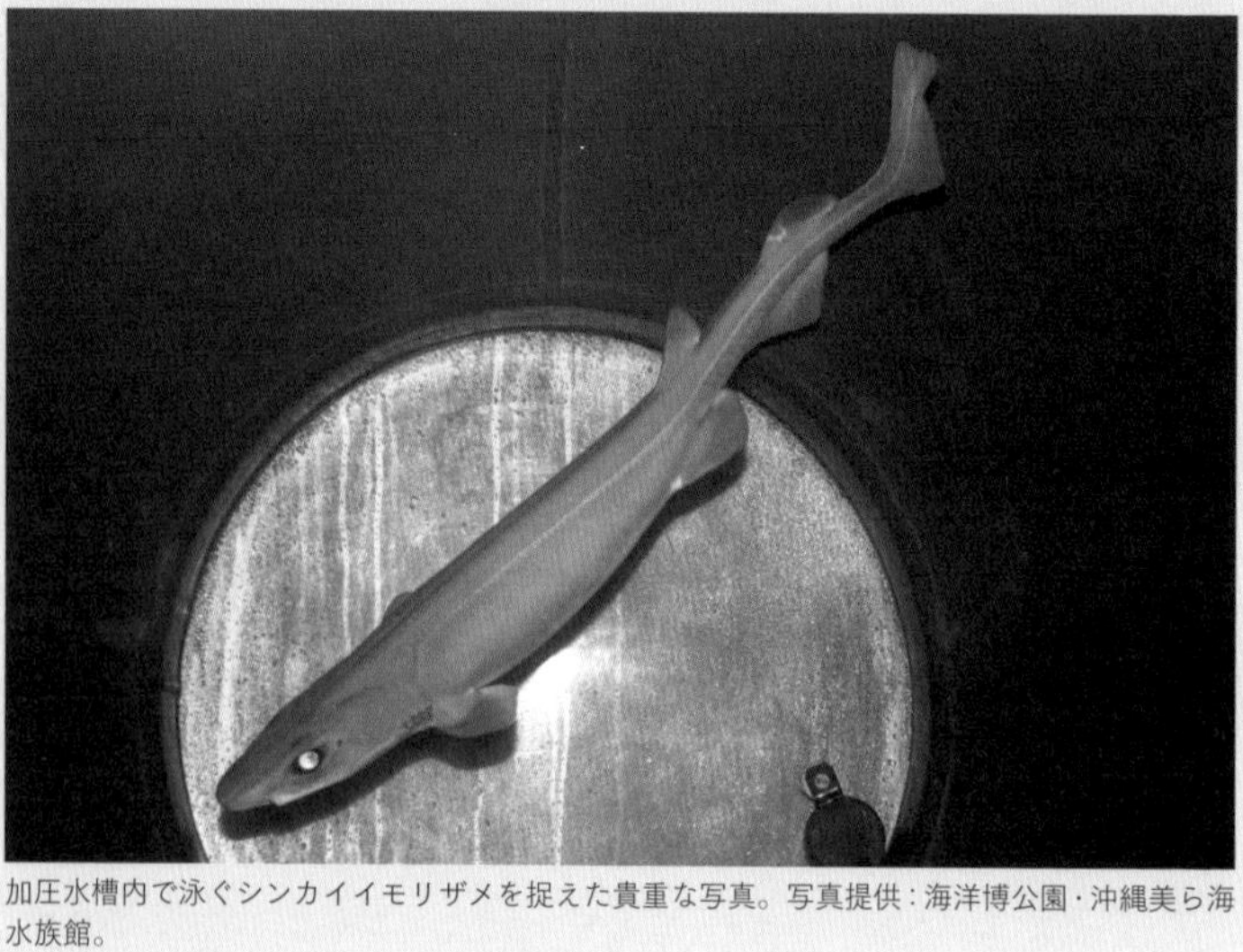

加圧水槽内で泳ぐシンカイイモリザメを捉えた貴重な写真。写真提供：海洋博公園・沖縄美ら海水族館。

サメについて熱く議論をする著者の二人。佐藤は冨田を「これからのサメ学をリードする研究者。世の中の流れにとらわれない自由な発想で研究を行う貴重な存在で、世界中から注目されている」、冨田は佐藤を「サメ研究界や水族館界に俯瞰的なビジョンを持っている点で、一般的な研究者とは一線を画する。沖縄美ら海水族館を世界に通用する研究施設にした立役者」と評する。

全く異なる骨格をしていました。外見はイモリザメそっくりですが、全く異なる系統だと私は考えています。その後、沖縄でも発見され、短い期間ですが美ら海の加圧水槽でも飼育したことがありますが、いつかは水槽で繁殖させたいです。どうやら、繁殖様式も違っているようですから、かなり特殊というか、もしかするとトラザメやドチザメ類の祖先に近いサメになるかもしれません。現在、本書でも紹介したフロリダ大学のネイラー博士や、オーストラリアCSIRO海洋研究所のウィリアム・ホワイト（William White）博士と、このサメが何の仲間に属するのかを調べている最中です。

冨 外見はそっくりなのに、中身は全然違うというのは興味深いです。早く系統樹が見てみたい。触った時の感触が、疑念を持つきっかけというのが面白いですね。そういう時の違和感って、たいてい正しいですよね。科学は論理的思考が重要とか言われますけど、それは証明するプロセスに関する話であって、新しい研究の芽を探してくるのは直感だというのは、自分の経験に照らしても納得がいきます。

佐 動物を見て直感がはたらくのは、おそらく私が形態学を基盤にしているからでしょう。その点では、最先端とは言えない研究を続けてきたことがプラスに働いています。冨田さんもどちらかと言えば形態を基にした研究が多いですが、世界ではこんな研究者は少なくなっていますよね？ 特にヨーロッパでは顕著に少なくなっていますが、アメリカは面白い研究が多いですね。そんなところにアメリカの底力を感じるのですが。今注目しているアメリカの研究所や研究者は？

冨 アダム・サマーズ（Adam Summers）博士の研究は好きですね。最近だと、サメの歯の切れ味を比較するために、市販の電動のこぎりの刀にサメの歯を並べて、肉を切っていました。もともと高解像度のＣＴスキャンなどのハイテク装置を使った研究で名をあげた人ですが、こんなアナログな研究もするのだなと。手法に縛られないその自由さが良いなと思います。佐藤さんはどなたか気になっている人はいますか？

佐　現実的な話をすると、気になる研究者というよりは、気になる個体がいます。ジョージア水族館のジンベエザメですね。ジョージアは後発の比較的新しい水族館ですが、ジンベエザメのケアに関しては独自の方法で長期飼育を実現しています。既に、美ら海水族館のジンベエザメとほぼ同じ大きさにまで成長していますから、どちらが先に繁殖するかという期待があります。また、ジョージアには若手の勢いのある女性研究者が加わって、研究という点でも活気が出てきましたね。それから、もう一つの興味は、深海ザメの発光と視覚の関係です。アメリカの研究者であるデヴィット・グルーバー（David Gruber）博士は、近年とても積極的に蛍光発光と視覚特性の関係について研究を行っているようです。勿論それも大変面白いテーマですが、私たち日本のグループとしては、もっと研究に至るハードルが高い課題と思われる〝生物発光と視覚との関係〟について、フジクジラなどを飼育下で研究したいと思っています。まあ、いつ成果が出るか分かりませんけどね。私は特に短い期間で成果を求められる立場ではないので、ちょっと野心的でもいいと思っています。更にいつの日か、水族館で見られるようになればいいのですが……。

冨　フジクジラはいいですね。私も大好きなサメです。現時点ではハードルが高いですが、飼育技術も着実に改良されていますから、そのうち飼育下での研究ができるようになるのではないかと期待しています。フジクジラについては、自家発光ばかりが着目されていますが、体表での光の反射や構造色などに関しても面白みのある動物であることに気づいてから、最近研究を始めました。フジクジラはいろいろな面で、光を上手に使って生きているサメなのでしょうね。最近大学などでは、短期間での成果が求められることが増えていますので、まず飼育できないサメを飼育できるようにして、それからそのサメを観察して、といった気の長い研究はやりづらいでしょうね。それこそ、他ではまねできない、水族館ならではの研究の特徴かもしれません。ジョージア水族館の話が出ましたが、近年研究者を雇用する水族館がぽつぽつと見られるようになってきましたね。この流れは今後続くと思いますか？

佐　それはどうでしょうね。なかなか難しいと思いますね。理想としては、水族館が研究だけでなく、保全や教育などの点においても大学と同等か、それ以上の役割を果たす時代が来ればよいと願っています。このような活動が社会から評価され、さらに対価として資金が得られる循環が生まれると、それが一つのモデルとなるのではないかと思います。敢えて隠さず述べますが、水族館は運営に大きなお金が必要ですから、それを賄う収入が必要です。民営でも公営でも、水族館で研究活動を行う場合には、社会からの応援や支持が得られなければ持続的な運営ができません。いくら研究をやっても、誰も来なければ収入が減り運営が成り立たないわけですから。私をこの世界に導いてくれたのは、研究者として多くの業績を残した内田詮三館長でしたが、当時は私なんか雇ってくれる水族館など無いと思ってました（笑）。現状でも、研究を前面に押し出す水族館は少なく、科研費など外部資金を受けられる施設は少ないんです。また、水族館の研究に公的資金を使うにも、一方で、大学での研究についても同じなのかもしれませんが、あまりにも社会の要請や資金の獲得にこだわりすぎると、欧米のようにサメの保全の研究や、見た目に美しいシナリオが描けるテーマばかりを追求するようになる、そんな気もします。そもそもになりますが、サメの研究、というか科学者が研究を行う最大の原動力は好奇心だと思っています。冨田さんのように、本当のサメの面白さを追求するためには、ある程度自由に使える資金や研究の場が必要でしょうね。それを実現するためには、多方面の研究者がアイデアや技術・資金を持ち寄って集まり、自由で活発な独創性の高い研究の場を作ることが大切です。そんな多様性のある、多機能な水族館を目指したいですね。

冨　そうですね。多くの外部の研究者に利用していただくのはもちろんですが、水族館の内部の人間が主体的に研究することが、とても大切なことだと思っています。水族館の生物を飼育するためには、その対象生物をより深く知るということが必要ですので、飼育そのものが科学のフィールドとなると実感しています。例えば、オオテンジクザメの胎仔が左右の子宮を移動しているという発見が近年話題になりましたが、まさに村雲さんによる日頃のエコー検査の成果と言えます。飼育スタッフが毎日生物を見ているからこそ分かる面白い現象を科学的につきつめていく作業に私はとても魅力を感じています。

著者（写真左／佐藤）を水族館の世界に導いてくれた内田詮三前館長（右）と。内田博士は1980年代からサメ類に関する世界的な業績を世に送り出したことにより、海外でも高い評価を受けている。カナダ・バンクーバーにて2015年10月撮影。

佐　色々と考えていることを話してきましたが、最後に読者の皆さんへお伝えしたいことは？

冨　世の中には多くのサメの情報であふれていますが、どれも誰かが解明してきたことです。その中には、不確かなものや、間違いだってたくさんあるはずですが、その試み自体が価値あることだと思います。この本では、研究者にスポットライトをあててサメの解説をしました。これを読んでいただいた方に、研究という行為自体を追体験していただき、謎解きの面白さを感じていただければ私としてはとてもうれしいです。

佐　私も同感です。その楽しさを伝えるのが私たちの役割なのかもしれませんね。本書を読んでくださった皆さん、特に学生生活を送っている皆さんには、是非「知ることの楽しさを」感じていただきたいと思っています。サメだけでなく動物の体には想像もつかない自然界の創意工夫が隠れています。

あとがき

日本人は古くからサメを上手に利用してきた。サメ食文化は沿岸部だけでなく日本中に存在し、保存食として内陸にすむ人々のたんぱく源となっていた。また、長く続いた武家社会において、サメ皮は刀剣や防具などの武具だけでなく、おろしがねなど文化や生活に密着した品として利用され、現代よりも身近な存在だったかもしれない。しかし近年では、サメ食文化は疎遠なものとなり、サーフィンなど海のレジャーが普及したことによって、サメに襲われる被害も時々報道されるなど、どちらかと言えばネガティブな話題が多いのかもしれない。また、映画『ジョーズ』の影響もあってか、日本人にとってサメは恐怖の対象となり、ますます遠い存在になりつつあるのではないだろうか。

私たちはジンベエザメの展示で有名な、「沖縄美ら海水族館」に勤務していることを述べてきた。我々にとって、サメはごく身近な存在だ。一方、多くの読者の方々には、「美ら海」と言えば巨大なジンベエザメが泳ぐ沖縄を代表する観光施設として知られているのではないか。確かに、年間３００万人以上が入館する水族館は、日本において他になく、沖縄観光を目的とするツアーには、水族館がルートとして組み込まれている。そして、その多くの方々は、巨大なジンベエザメを見ることを目的としているのだと思われる。現在、多くの水族館ではサメの展示が一般的だが、実は水族館で展示されるサメは、サメ全種のうち多くても25％程度ではないかと思う。つまり、サメの仲間の多くは、私たち人間が水槽で飼育できない種であるということだ。

サメの多くは非常に飼育が難しい。特に大型で世界を大回遊する種や深海にすむサメ類は、世界中の水族館でもほとんど飼育されていない。沖縄美ら海水族館の最大の功績は、その前身である沖縄記念公園水族館時代の1980年に、世界で初めてジンベエザメやマンタ、オオメジロザメなど大型のサメ・エイ類の飼育に成功したことだ。それまではほとんど一般には知られず、関心も無かったこの巨大生物を、水族館で飼育しようと考えたのは、前館長の内田詮三博士であった。数多くの試行錯誤の結果、いつでもガラス越しに観察できるよう飼育技術を確立し、地元の水産資源を使った〝持続可能な〟一大観光地を創出した。私がまだ小さかった1970～80年代には、ジンベエザメという名前は、日常の会話やテレビでも紹介されることは殆どなかったと記憶している。ところが今はどうだろう？　日本中の小学生から年配の方々まで、その名を知らない人は少数派ではないだろうか。大海を悠々と泳ぐジンベエザメを、誰もが、いつでも、普段着で観察できるということは、人間が野生動物を身近に感じ、理解することにつながっていると思う。

私たち、サメの研究者にとっても、生物を飼育することは動物の研究を深化させる。沖縄美ら海水族館を管理運営する沖縄美ら島財団は、総合研究センター動物研究室に11名の博士を有するほか、飼育担当者も積極的に参画し、沖縄の海洋生物の研究を行っている。中でもサメの研究では、世界に例を見ない研究成果を上げてきた。例えば、私たちが飼育するオスのジンベエザメ「ジンタ」は、26年間のエサの種類や量、全長と体重、毎月の血液検査値や血中の性ステロイドホルモン値の変化、遊泳行動など、あらゆるデータが継続的にモニタリングされ、最先端の研究に活かされている。このように、同一個体を長期間にわたりモニタリングを行っている事例は他に皆無であり、私たちは多くの新知見を得ることができるというわけだ。勿論、ここで得たサンプルは、我々が独占するわけではなく、国内外の研究者にも提供され、知見は科学論文や様々な媒体で世界の研究者に公表されている。ジンタの学術面での貢献は計り知れず、私たちはジンタに対し心から感謝している。

本著の中でも述べたように、サメの研究は普通の大学や研究機関では、研究材料として扱いにくい動物だ。近年、欧米各国ではサメの保護に関する気運が高まり、飼育することすらタブーとなりつつあるようだ。研究者自身も、その流れに乗ることが研究を続けるために有利である以上、サメを直接触れたり解剖したりすることから遠ざかってしまう。しかし、本当にそれで良いのだろうか？　水族館や動物園は、人のもつ好奇心をはぐくむ場であり、特に研究者にとっては研究のインスピレーションを与えてくれる大切な場所だ。私たちは、少なくともサメの研究に関して言うと、飼育を放棄することによって科学の発展の道は絶たれると考えている。そのためにはもちろん、動物の福祉に対する配慮を怠ることなく可能な限りその生物にとって科学的に適正な環境を維持し、医療体制を整備した上で実施されるべきものだと考えている。サメ飼育の最先端を走る施設である以上、沖縄美ら海水族館が生物学の一つのモデルとして果たすべき責任と役割は、極めて大きいと感じている。そして何より、私たちの研究活動を、日本のみならず海外の皆さんにも知っていただくことがとても重要だ。そして、生物学に興味を持つ若い読者の皆様には、本物の生物と向き合う研究者を目指していただき、将来さまざまな分野で活躍する多くの研究者が日本から誕生することを切に願っている。

　最後に、このような機会を与えて下さった産業編集センター出版部の福永恵子さん、執筆にあたり多方面で支援してくださった沖縄美ら島財団のスタッフ、内田詮三博士、および私たちの共同研究者の皆様には、心より感謝申し上げる。

2021年春

2: 鈴木素行. 2018. 南のサメ歯　資料編　―沖縄県域のサメの歯化石と，サメ歯製垂飾，サメ歯模造垂飾―. 茨城県考古学協会誌 30: 31–64.

とても大事な“サメとヒトとのソーシャルディスタンス”

1: フロリダ大学The International Shark Attack File. https://www.floridamuseum.ufl.edu/shark-attacks/
2: Pacoureau N, Rigby CL, Kyne PM, Richard B. Sherley, Winker H, Carlson JK, Fordham SV, Barreto R, Fernando D, Francis MP, Jabado RW, Herman KB, Liu KM, Marshall AD, Pollom, RA, Romanov EV, Simpfendorfer CA, Yin JS, Kindsvater HK, Dulvy NK. 2021. Half a century of global decline in oceanic sharks and rays. Nature 589: 567–571.

あるサメ研究者のジレンマ～サメ研究を目指す人へ

1: Hirasaki Y, Tomita T, Yanagisawa M, Ueda K, Sato K, Okabe M. 2018. Heart anatomy of *Rhincodon typus*: three-dimensional x-ray computed tomography of plastinated specimens. The Anatomical Record 301: 1801–1808.

ジョーズの複雑な子育て方法

1: Sato K, Nakamura M, Tomita T, Toda M, Miyamoto K, Nozu R. 2016. How great white sharks nourish their embryos to a large size: evidence of lipid histotrophy in lamnoid shark reproduction. Biology Open 5: 1211–1215.

「赤ちゃんの共食い説」の真相

1: Gilmore RG, Dodrill JQ, Lindley PA. 1983. Reproduction and embryonic development of the sand tiger shark, *Odontaspis taurus* (Rafinesque). Fisheries Bulletin 81: 201–225.

2: Tomita T, Murakumo K, Ueda K, Ashida H, Furuyama R. 2019. Locomotion is not a privilege after birth: Ultrasound images of viviparous shark embryos swimming from one uterus to the other. Ethology 125: 122–126.

胎仔の呼吸をめぐるパラドクス

1: Tomita T, Cotton CF, Toda M. 2016. Ultrasound and physical models shed light on the respiratory system of embryonic dogfishes. Zoology 119: 36–41.

悩み多き胎仔のウンチ問題

1: Tomita T, Nakamura M, Kobayashi Y, Yoshinaka A, Murakumo K. 2020. Viviparous stingrays avoid contamination of the embryonic environment through faecal accumulation mechanisms. Scientific Reports 10: 73–78.

サメはメスだけで子孫を残せるか？

1: Chapman DD, Shivji MS, Louis ED, Sommer J, Fletcher H, Prodöhl PA. 2007. Virgin birth in a hammerhead shark. Biology Letters 3: 425–427.

2: Straube N, Lampert KP, Geiger MF, Weiss JD, Kirchhauser JX. 2016. First record of second - generation facultative parthenogenesis in a vertebrate species, the whitespotted bambooshark *Chiloscyllium plagiosum*. Journal of Fish Biology 88: 668–675.

サメの不倫は常識？

1: Feldheim KA, Gruber SH, Ashley MV. 2001. Multiple paternity of a lemon shark litter (Chondrichthyes: Carcharhinidae). Copeia 2001: 781–786.

4章　サメとヒトとの深い関係

縄文時代のサメの歯コレクター

1: 鈴木素行. 2018. ムカシオオホホジロザメの考古学　—サメの歯化石と，サメ歯製垂飾，サメ歯模造垂飾の成立について—. 筑波大学先史学・考古学研究 29: 1–26.

Science 2: 150088.

動かぬサメの静かなる戦略

1: Tomita T, Toda M, Murakumo K. 2018. Stealth breathing of the angelshark. Zoology 130: 1–5.

検証！メガマウスザメ伝説

1: Nakaya K, Matsumoto R, Suda K. 2008. Feeding strategy of the megamouth shark *Megachasma pelagios*（Lamniformes: Megachasmidae）. Journal of Fish Biology 73: 17–34.
2: Tomita T, Sato K, Suda K, Kawauchi J, Nakaya K. 2011. Feeding of the megamouth shark（Pisces: Lamniformes: Megachasmidae）predicted by its hyoid arch: a biomechanical approach. Journal of Morphology 272: 513–524.
3: Duchatelet L, Moris VC, Tomita T, Mahillon J, Sato K, Behets C, Mallefet J. 2020. The megamouth shark, *Megachasma pelagios*, is not a luminous species. PLoS ONE 15: e0242196.

3章　サメの複雑怪奇な繁殖方法

サメの奥深い繁殖方法

1: Wourms JP. 1977. Reproduction and development in chondrichthyan fishes. American Zoologist 17: 379–410.
2: Nakaya K, White WT, Ho HC. 2020. Discovery of a new mode of oviparous reproduction in sharks and its evolutionary implications. Scientific Reports 10: 12280.
3: Cotton CF, Grubbs D, Dyb JE, Fossen I, Musick JA. 2015. Reproduction and embryonic development in two species of squaliform sharks, *Centrophorus granulosus* and *Etmopterus princeps*: Evidence of matrotrophy? Deep Sea Research Part II: Topical Studies in Oceanography 115: 41–54.
4: Castro JI, Sato K, Bodine AB. 2016. A novel mode of embryonic nutrition in the tiger shark, *Galeocerdo cuvier*. Marine Biology Research 12: 200–205.
5: Furumitsu K, Wyffels JT, Yamaguchi A. 2019. Reproduction and embryonic development of the red stingray *Hemitrygon akajei* from Ariake Bay, Japan. Ichthyological Research 66: 419–436.
6: Kawaguchi M, Sato K. 2018. Pregnancy and parturition: teleost fishes and elasmobranchs. In: Skinner MK（ed.）, Encyclopedia of Reproduction, vol. 6, Academic Press, 436–442.

costs. Nature Communications 7: 12289.

暗闇で発光するサメ？

1: Claes JM, Sato K, Mallefet J. 2011. Morphology and control of photogenic structures in a rare dwarf pelagic lantern shark（*Etmopterus splendidus*）. Journal of Experimental Marine Biology and Ecology 406: 1–5.
2: Duchatelet L, Pinte N, Tomita T, Sato K, Mallefet J. 2019. Etmopteridae bioluminescence: dorsal pattern specificity and aposematic use. Zoological Letters 5: 9.
3: 光る深海ザメ「ヒレタカフジクジラ」の秘密に迫る!! 海洋博公園・沖縄美ら海水族館公式YouTube チャンネル. https://www.youtube.com/watch?v=HCCm2TkjXC8

遺伝子に刻まれたジンベエザメの謎

1: 木下直之. 2018. 動物園巡礼. 東京大学出版会.
2: Hara Y, Yamaguchi K, Onimaru K, Kadota M, Koyanagi M, Tatsumi K, Keeley SD, Tanaka K, Motone F, Kageyama Y, Nozu R, Adachi N, Nishimura O, Nakagawa R, Tanegashima C, Kiyatake I, Matsumoto R, Murakumo K, Nishida K, Terakita A, Kuratani S, Sato K, Hyodo S, Kuraku S. 2018. Shark genomes provide insights into elasmobranch evolution and the origin of vertebrates. Nature Ecology & Evolution 2: 1761–1771.

ミクロな鱗の大発見（と、ちょっとした新発見）

1: Bechert DW, Hoppe G, Reif W-E. 1985. On the drag reduction of the shark skin. AIAA-paper 85–0546.
2: Tomita T, Murakumo K, Komoto S, Dove A, Kino M, Miyamoto K, Toda M. 2020. Armored eyes of the whale shark. PLoS ONE 15: e0235342.

川に棲んでいるサメ？～オオメジロザメ出現の謎

1: Imaseki I, Wakabayashi M, Hara Y, Watanabe T, Takabe S, Kakumura K, Honda Y, Ueda K, Murakumo K, Matsumoto R, Matsumoto Y, Nakamura M, Takagi W, Kuraku S, Hyodo S. 2019. Comprehensive analysis of genes contributing to euryhalinity in the bull shark, *Carcharhinus leucas*; Na+-Cl- co-transporter is one of the key renal factors up-regulated in acclimation to low-salinity environment. Journal of Experimental Biology 222: jeb201780.
2: Miya M, Sato Y, Fukunaga T, Sado T, Poulsen J. Y, Sato K, Minamoto T, Yamamoto S, Yamanaka H, Araki H, Kondoh M, Iwasaki W. 2015. MiFish, a set of universal PCR primers for metabarcoding environmental DNA from fishes: detection of more than 230 subtropical marine species. Royal Society Open

2章　想像を超えるサメの生態

サメの寿命はどれほどか？

1: Nielsen J, Hedeholm RB, Heinemeier J, Bushnell PG, Christiansen JS, Olsen J, Ramsey CB, Brill RW, Simon M, Steffensen KF, Steffensen JF. 2016. Greenland sharks can live to be 400 years old and only become sexually mature at 150, raising conservation concerns. Science 353: 702–704.

2: Matsumoto R, Matsumoto Y, Ueda K, Suzuki M, Asahina K, Sato K. 2019. Sexual maturation in a male whale shark（*Rhincodon typus*）based on observations made over 20 years of captivity. Fishery Bulletin 117: 78–86.

なぜサメのペニスは二本あるのか？

1: Long JA, Mark-Kurik E, Johanson Z, Lee MSY, Young GC, Min Z. 2015. Copulation in antiarch placoderms and the origin of gnathostome internal fertilization. Nature 517: 196–199.

何度でも生え変わる歯の謎

1: 後藤仁敏・大泰司紀之編. 1998. 歯の比較解剖学. 医歯薬出版.

2: Williams ME. 2001. Tooth retention in cladodont sharks: with a comparison between primitive grasping and swallowing, and modern cutting and gouging feeding mechanisms. Journal of Vertebrate Paleontology 21: 214–226.

サメの尾の問題なデザイン

1: Thomson KS, Simanek DE. 1977. Body form and locomotion in sharks. American Zoologist 17: 343–354.

2: Wilga CAD, Lauder GV. 2004. Chapter 5 - Biomechanics of locomotion in sharks, rays and chimaeras. In: Carrier JF, Musik JA, Heithaus MR（eds.）, Biology of Sharks and Their Relatives. CRC Press, 139–164.

見えないサメを見る新技術

1: Skomal G, Zeeman S, Chisholm J, Summers E, Walsh H, McMahon K, Thorrold S. 2009. Transequatorial migrations by basking sharks in the western Atlantic Ocean. Current Biology 19: 1019–1022.

2: Nakamura I, Meyer CG, Sato K. 2015. Unexpected positive buoyancy in deep sea sharks, *Hexanchus griseus*, and a *Echinorhinus cookei*. PLoS ONE 10: e0127667.

3: Payne NL, Iosilevskii G, Barnett A, Fischer C, Graham RT, Gleiss AC, Watanabe YY. 2016. Great hammerhead sharks swim on their side to reduce transport

American Museum Novitates 3875: 1–15.
3: Pradel A, Maisey JG, Tafforeau P, Mapes RH, Mallatt J. 2014. A Palaeozoic shark with osteichthyan-like branchial arches. Nature 509: 608–611.

サメの骨格はなぜ軟骨なのか？

1: Brazeau M, Giles S, Dearden R, Jerve A, Ariunchimeg YA, Zorig E, Sansom R, Guillerme T, Castiello M. 2020. Endochondral bone in an Early Devonian 'placoderm' from Mongolia. Nature Ecology & Evolution 4: 1477–1484.
2: Venkatesh B, Lee AP, Ravi V, Maurya AK, Lian MM, Swann JB, Ohta Y, Flajnik MF, Sutoh Y, Kasahara M, Hoon S, Gangu V, Roy SW, Irimia M, Korzh V, Kondrychyn I, Lim ZW, Tay BH, Tohari S, Kong KW, Ho S, Lorente-Galdos B, Quilez J, Marques-Bonet T, Raney BJ, Ingham PW, Tay A, Hillier LW, Minx P, Boehm T, Wilson RK, Brenner S, Warren WC. 2014. Elephant shark genome provides unique insights into gnathostome evolution. Nature 505: 174–179.

メガマウスザメの起源を追え！

1: Tomita T, Yokoyama K. 2015. The first Cenozoic record of a fossil megamouth shark（Lamniformes, Megachasmidae）from Asia. Paleontological Research 19: 204–207.
2: Shimada K. 2007. Mesozoic origin for megamouth shark（Lamniformes: Megachasmidae）. Journal of Vertebrate Paleontology 27: 512–516.
3: Shimada K, Ward DJ. 2016. The oldest fossil record of the megamouth shark from the late Eocene of Denmark and comments on the enigmatic megachasmid origin. Acta Palaeontologica Polonica 61: 839–845.

最大のサメ・最小のサメは？

1: Castro JI. 2010. The Sharks of North America. Oxford University Press.

メガロドンの真の顔

1: Cappetta H. 2012. Chondrichthyes. Mesozoic and Cenozoic Elasmobranchii: Teeth. In: Schultze H-P（ed.）, Handbook of Paleoichthyology, Volume 3E. Verlag Dr. Friedrich Pfeil.
2: Ehret DJ, MacFadden BJ, Jones DS, Devries TJ, Foster DA, Salas-Gismondi R. 2012. Origin of the white shark *Carcharodon*（Lamniformes: Lamnidae）based on recalibration of the Upper Neogene Pisco Formation of Peru. Palaeontology 55: 1139–1153.

主な参考文献と引用論文1

1章　サメの多様性と進化

サメは世界中に何種類いるのか？
サメの2大派閥

1: Fricke R, Eschmeyer WN, Van der Laan R (eds.). 2021. Eschmeyer's Catalog of Fishes: Genera, Species, References. (http://researcharchive.calacademy.org/research/ichthyology/catalog/fishcatmain.asp).
2: 仲谷一宏. 2016. Sharks　サメ―海の王者たち― 改訂版. ブックマン社. (外国産種の和名は本書より引用した)

ジョーズはサメの変わり者？

1: Miya M, Friedman M. Satoh TP, Takeshima H, Sado T, Iwasaki W, Yamanoue Y, Nakatani M, Mabuchi K, Inoue JG, Poulsen JYd, Fukunaga T, Sato Y, Nishida M. 2013. Evolutionary origin of the Scombridae (tunas and mackerels): members of a Paleogene adaptive radiation with 14 other pelagic fish families. PLoS ONE 8: e73535.

姉妹関係？サメとエイの関係性にまつわるエピソード

1: Maisey JG. 1980. An evaluation of jaw suspension in sharks. American Museum Novitates 2706: 1–17.
2: Shirai S. 1992. Squalean Phylogeny: A New Framework of "Squaloid" Sharks and Related Taxa. Hokkaido University Press.
3: Carvalho MR. 1996. Chapter 3 - Higher-level elasmobranch phylogeny, basal squaleans, and paraphyly, In: Stiassny MLJ, Parenti LR, Johnson GD (eds.), Interrelationships of Fishes, Academic Press, 35–62.
4: Chondrhichthyan Tree of life (https://sharksrays.org/) in The Tree of Life Web Project, http://tolweb.org/

サメが「生きている化石」というのは本当か？

1: Miller RF, Cloutier R, Turner S. 2003. The oldest articulated chondrichthyan from the Early Devonian period. Nature 425: 501–504.
2: Maisey JG, Miller R, Pradel A, Denton JSS, Bronson A, Janvier P. 2017. Pectoral morphology in *Doliodus*: Bridging the 'acanthodian'-chondrichthyan divide.

佐藤 圭一（Keiichi Sato）

1971年生まれ。栃木県出身。博士（水産学）。1990年北海道大学入学、同大学大学院水産科学研究科・博士後期課程修了。2000年より沖縄海洋生物飼育技術センター（国営沖縄記念公園水族館）、2002年沖縄美ら海水族館勤務を経て、2013年（一財）沖縄美ら島財団総合研究センター・動物研究室長、現在は研究センター上席研究員および沖縄美ら海水族館統括責任者を兼任している。軟骨魚類の比較解剖学・分類学・繁殖生態学などを専門分野として、幅広くサメエイ類の調査研究および普及啓蒙活動を行っている。

冨田 武照（Taketeru Tomita）

1982年生まれ。神奈川県出身。博士（理学）。2011年に東京大学・理学系研究科地球惑星科学専攻・博士課程を修了後、北海道大学総合博物館、カリフォルニア大学デービス校、フロリダ州立大学沿岸海洋研究所の研究員を経て、2015年より（一財）沖縄美ら島財団 総合研究センター・動物研究室研究員。水族館管理部魚類課兼任。軟骨魚類の進化学、機能形態学が専門。

寝てもサメても 深層サメ学

2021年 5 月21日　第一刷発行
2023年10月 5 日　第三刷発行

著者　佐藤圭一、冨田武照
カバーイラスト　冨田武照
ブックデザイン　松田行正、杉本聖士（マツダオフィス）
編集　福永恵子（産業編集センター）

発行　株式会社産業編集センター
〒112-0011　東京都文京区千石4-39-17
Tel　03-5395-6133
Fax　03-5395-5320

印刷・製本　株式会社シナノパブリッシングプレス

ISBN978-4-86311-298-8 C0045